학교에서 빛이 나는 아이들

교육공동체 잇다 지음

한울림

교사와 부모가 손을 맞잡을 때

교실은 정글이자 천연 생태계다. 다양한 기질과 성향의 아이들이 모여 함께 생활하는 곳이다. 그곳에서는 매일 다양한 만남과 배움이 일어난다. 교사의 지도를 통해, 또래와의 놀이와 협력을 통해, 때로는 여러 갈등을 통해 아이들은 나날이 자란다.

초등학교 1학년과 6학년은 같은 학교급으로 묶는 것이 무리일 정도로 다른 존재다. 거의 '다른 종족'에 가까운 차이를 보인다. 분명한 것은 아무것도 모르는 천둥벌거숭이 같은 아이들이 선생님과 친구를 만나 성장한다는 사실이다. 아이들의 몸과 마음이 자라나는 속도는 그야말로 눈부시다.

교실에는 키가 작은 아이도 있고, 평균인 아이도 있고, 유독 큰 아이도 있다. 배움이 빠른 아이도 있고, 느린 아이도 있다. 행동이 먼저인 행동파, 생각이 많은 지성파, 감수성이 풍부한 감성파도 있다. 요즘 유행하는 MBTI로 보면 내향과 외향, 감각적인 아이와 직관적인 아이, 감정이 우선인 아이와 이성이 우세한 아이, 인식하는 아이와 판단하는 아이가 골고루 섞여 있다. 이렇게나 다양한 아이들이 모여 함께 배우고 자라는 곳이 학교이자 교실이다.

교사는 교실이란 공동체 안에서 아이들의 모습을 가장 가까이서 관찰하기에 학부모가 잘 알지 못하는 우리 아이의 모습을 가장 객관적으로 전달할 수 있는 사람이다. 아이가 건강하게 성장할 수 있도록 고민하고 노력하는 최고의 '육아 동반자'이기도 하다.

각양각색의 아이들이 모여 매일 변화무쌍한 장면이 펼쳐지는 교실에서 우리 아이는 어떤 모습일까? 학부모는 모르는, 교사만 아는 진짜 교실 속 이야기를 이 책에 담았다. 아울러 수많은 상담 사례에서 건져 올린 고민과 답변을 통해 학부모가 걱정하는 것의 실체를 짚어보고, 초등 학교생활에서 진짜 중요한 것이 무엇인지 안내하고자 8인의 교사가 머리를 맞댔다. 약 1년에 걸친 일이었다. 수많은 오프라인 만남과 밤늦게까지 이어진 온라인 회의를 거치는 사이 많은 일을 겪었고 많은 것이 변했다. 이것은 교사이자 엄마인 우리의 덥고 뜨거운 진심이 그대로 새겨진 기록이다. 절박한 마음으로 우리의 들숨 날숨을 고스란히 실었다.

궁극적으로 아이는 교사와 부모의 단단한 신뢰와 협력 안에서만 씨실과 날실이 엮어지듯 튼튼하게 자랄 수 있다. 모쪼록 이 책을 통해 부모와 교사, 아이가 서로의 믿음 아래 튼튼한 뿌리를 내리고 실한 열매를 맺을 수 있기를 진심으로 바란다.

교육공동체 잇다 대표 김희연

차례

✦ 1부 ✦

교사만 아는 교실 속 생태계,
모두가 궁금한 교실 속 이야기

1장 학교생활의 질은 친구관계가 결정한다

+ 2부 +

8인의 현직 교사가 강조하는
초등학생 때 꼭 길러야 할 이것!

✦ 1부 ✦

교사만 아는 교실 속 생태계,
모두가 궁금한 교실 속 이야기

1장

학교생활의 질은
친구관계가 결정한다

학부모의 압도적인 고민 1위, 교우관계

일곱 살 가을, 이제 몇 달 뒤면 초등학교 입학이다. 꼬물거리던 우리 수연이가 언제 이렇게 컸는지 신기할 따름이다. 주변을 둘러보니, 입학을 앞두고 다들 발등에 급한 불이 떨어진 모양이다. 무엇을 어떻게 준비해야 하는지 몰라 초조한 마음으로 이곳저곳을 기웃거린다. 그렇지만 철두철미한 파워 J(계획형)인 난 다르다. 이럴 줄 알고 내 아이의 초등 입학을 여섯 살부터 차근차근 준비해왔으니까.

✔ 책상에 앉아서 30분 이상 집중할 수 있도록 사고력 학습지 매일 세 장씩 풀기

✔ 매일 한 장씩 엄마표 연산 공부하기

☑ 동영상을 이용한 영어 노출과 파닉스 공부하기

☑ 편지 쓰기, 그림일기로 한글 익히기

☑ 독해력 상승을 위한 한자 공부하기

여기에 쉽게 놓칠 수 있는 부분인 매운 음식 먹어보기와 쇠젓가락 사용하기, 우유 팩 혼자 뜯기까지 연습시켰다. 이 정도면 정말 완벽하다. 이제 남은 건 책가방을 고르는 것뿐인가? 훗, 치밀한 나. 제법 칭찬해!

여덟 살 봄, 수연이가 드디어 초등학교에 입학했다. 준비과정에서의 모든 것이 완벽했다. 그런데 어느 날, 수연이가 울면서 학교에 가기 싫다고 했다. 도대체 내가 뭘 놓친 거지?

수연이 부모님은 모든 준비가 완벽해서 아이가 학교에 잘 적응하리라 생각했다. 그러나 정작 수연이는 등교를 거부하는 모습을 보였다. 무엇이 문제였을까?

아이가 일곱 살이 되면 많은 부모가 '초등학교 입학 준비' 태세에 돌입한다. 이제 아이는 단순한 일곱 살이 아니라 '예비 초등학생'이 되는 셈이다. 인터넷에는 '초등 입학 준비'라는 제목의 글을 쉽게 찾아볼 수 있다. 책상에 30분 앉아있기, 매일 연산문제집 한 장씩 풀기, 한글 마스터하기, 종이접기, 가위질, 줄넘기, 우유 팩 열기, 젓가락질, 용변 뒤처리하기 등이 그것이다.

'예비 초등생 학부모'는 '예비 초등생'에게 이것들을 학습시키기 위해 고군분투한다. 매일 아이를 책상에 앉혀 놓고 학습지를 풀게 하기 위해 실랑이하고, 스스로 공부하는 습관을 들이겠다며 요즘 유행하는 패드학습을 시키거나 심지어는 줄넘기 학원이나 종이접기 학원에도 보낸다. 물론 이런 노력이 모두 쓸모없는 것은 아니다. 미리 한 번씩 연습해보면 조금 수월하게 배우는 것도 있으니까. 그러나 초등학교에 입학하는 아이가 꼭 배워야 할 것은 책상에 30분 앉아있기, 종이접기 잘하기, 우유 팩 스스로 열기가 아니다. 진짜 중요한 것은 '친구와 잘 지내는 법'이다.

학교생활의 만족도를 결정하는 교우관계

"친구들이랑 잘 지내나요?"

"쉬는 시간에 혼자 있지는 않나요?"

"동성 친구랑 잘 놀지 못하는 것 같아서 걱정이에요."

"아이가 더 좋은 친구와 어울렸으면 좋겠어요."

"친구와 자주 다툼이 생기는 것 같아요."

상담을 요청하는 전화가 울리면 백에 구십구, 아니 백이면 백 아이의 교우관계에 관한 내용이다. 초등학생이 되면 유치원 때와 달리 학업에 가장 많은 신경을 쓸 것 같지만, 학업 때문에 먼저 상담을 요청하는 경우는 극히 드물다. 가장 많은 상담 요청이 들어오는 경우는 친구와의 관계에서 문제가 생겼을 때다. 교우관계에 문제가 생기면 아이의 상태에 직접적인 변화가 있기 때문이다.

교우관계는 초등 내내 거의 모든 아이에게 영향을 끼칠 만큼 중요한 문제다. 그렇지만 아이 혼자만의 문제가 아니라 관계 속에서 일어나는 복잡미묘한 문제이기에 부모의 힘으로 해결해줄 수 없는 어려운 문제이기도 하다. 게다가 부모 뜻대로 통제할 수 없다는 불확실성과 아이 스스로 헤쳐나가야 한다는 불안함이 학부모를 더욱 초조하게 만든다.

언뜻 생각하기에 학습태도가 좋고 공부를 잘하는 아이가 학교 생활도 잘할 것 같지만, 꼭 그렇지만은 않다. 초등학교는 발달단계상 또래 친구의 중요성이 점점 커지는 시기다. 그 시기 아이들에게 있어 '친구'는 세상 전부라고 해도 과언이 아니다. 친구 덕분에 학교가 즐겁기도 하고, 친구 때문에 학교에 가기 싫어지기도 한다. 아침에 눈을 떴을 때 오늘 하루가 기대되고 신나는 이유도 친구랑 많이 놀 수 있는 날이기 때문이고, 기분이 우울하고 짜증이 나는 이유도 친구와 사이가 안 좋아졌기 때문이다. 친구를 자주 만날 수 없어 방학이 싫은 아이도 있고, 친구를 사귀는 데 어려움을 겪어 학교 자체가 싫은 아이도 있다. 그만큼 교우관계는 아이의 학교생활에 지대한 영향을 미친다.

누구나 내 아이가 학교에서 선생님에게 사랑받고 친구들과 사이좋게 지내길 바랄 것이다. 이렇게 원만한 대인관계를 유지하는 데 바탕이 되는 것은, 바로 사회성이다. 사회성은 공동체 안에서 사회적 규범에 맞게 행동하고, 다른 사람을 이해하고 배려하며 원만한 관계를 맺고 유지할 수 있는 능력이다. 즉 더불어 살아가는 힘이다. 아이들은 저마다 나름의 성장통을 겪으며 점차 사회성을 키워간다.

친구를 사귀고 관계를 잘 유지하는 데에도 연습이 필요하다. 아이들은 그 과정에서 시행착오를 겪으면서 사회적 기술을 익혀나간다. 그러니 아이의 행복한 학교생활을 위해 꼭 준비해야 할 것은 다름 아닌 '원만한 교우관계를 맺기 위한 연습'이다.

도대체 어디부터 어떻게 개입해야 할까요?

교우관계로 인해 힘들어하는 아이를 보면 부모로서 어디까지 개입해야 하고, 어떻게 대처하는 것이 지혜로운 방법인지 기준을 잡기가 힘들다. 친구 문제에 끼어들기 전에 아이들의 교우관계에 대해 부모님이 꼭 알아야 하는 전제조건이 있다.

첫째, 부모는 친구를 만들어줄 수도, 떼어낼 수도 없다는 것이다. 1학년 때는 부모님이 아이들과 정서적·물리적으로 밀착해서 생활하기에 아이의 교우관계를 살펴볼 기회가 많다. 집이 근처이거나 엄마들끼리 친분이 있으면 하교 후 함께 시간을 보내는 경우가 많기 때문이다. 하지만 이런 관계가 교실까지 쭉 이어지진 않는다. 교실 안에서 같은 아파트에 산다는 것, 엄마끼리 친하다는 것은 친구를 사귈 때 그다지 중요하지 않기 때문이다. 아이들은 자신과 흥미가 비슷하거나 놀이할 때 합이 잘 맞는 친구, 인기가 많거나 마음을 편하게 주고받을 수 있는 친구 등 자신만의 기준으로 친구들을 탐색한다. 그렇기에 자녀 교우관계에서 부모의 개입은 한계가 있을 수밖에 없다.

둘째, 초등학교 때는 누구나 교우관계로 힘들어한다는 것이다. 학교는 작은 사회다. 다양한 기질과 성향을 지닌 아이들이 모여있는 곳으로 늘 갈등이 존재한다. 그 안에서 내 아이가 마음에 꼭 맞는 단짝 친구를 만날 확률은 정말 낮다. 물론 타고난 기질 문제로 교우관계에 특별히 더 어려움을 호소하는 아이들이 있는 것은 사실이다. 그러나 정도의 차이만 있을 뿐, 친구 문제는 모든 아이가 겪는 자연스러운 현상이라는 점을 받아들여야 한다.

셋째, 아이들은 갈등을 통해 성장한다는 점이다. 아이가 친구들 사이에서 힘들어하는 모습을 지켜보는 부모의 마음은 괴롭다. 그러나 부모의 개입이 별 도움이 안 되고 누구나 겪을 수밖에 없는 문제라면, 아예 관점을 달리해보는 것이 어떨까? 친구 사이의 갈등으로 아이가 힘들어하는 것에 초점을 맞추지 않고, 이 갈등을 통해 내 아이가 얼마나 성장할 수 있을지 기대하는 것이다.

아이는 친구들과 갈등을 겪으며 스스로 문제에 직면하고 이를 해결하는 과정에서 자기 자신을 더 깊이 이해하고, 타인과 관계 맺는 법을 배워나간다. 이런 '사회적 기술'을 익힐 기회를 제공하는 곳이 바로 학교다.

학년별·성별에 따른 갈등 양상에 따른 대처법

초등학교 6년은 아이들의 신체적·정서적 발달이 매우 역동적으로 일어나는 시기다. 친구 사이의 갈등 양상도 학년과 성별에 따라 뚜렷한 특징을 보인다.

저학년 때는 비교적 가벼운 갈등이 많다. 사소한 고자질이 가장 많은 시기이기도 하다. 이 시기 아이들은 자기중심적으로 사고하기 때문에 다툼이 생겼을 때 교사도 한 아이의 말을 일방적으로 받아들이지 않고, 객관적으로 상황을 파악하려 노력한다. 그 뒤에 잘못을 인정하고 사과할 부분이 있다면 서로 사과하는 것으로 사안을 마무리 짓는다. 하지만 이런 해결방식이 모든 아이에게 만족스러운 것은 아니다. 해소되지 않은 억울함이 남아 집으로 돌아가 부모에게 그 억울함을 호소하는 일도 자주 있다. 이런 경우 어떻게 대처하는 것이 좋을까?

부모가 중심을 잘 잡아야 한다. 아이가 입학한 지 얼마 되지 않아 부모도 많이 예민해져 있는 시기다. 이런 때일수록 아이의 감정 호소에 흔들리기보다 아이의 이야기를 진심으로 들어주고 위로해주되, 아이가 상황을 객관적으로 전달하지 못하는 발달단계에 있음을 고려하여 사안을 판단해야 한다. 사안의 수준이 심각하지 않고 담임교사가 이미 지도한 상황이라면, 아이의 속상한 마음을 충분히 위로해주고 다음번에 이런 일이 일어났을 때 어떻게 행동하는 것이 좋을지 아이와 이야기하는 것으로 충분하다. 이 시기의 아이들은 하루에도 몇 번씩 다투다가도 언제 그랬냐는 듯이 하하 호호 웃으며 함께 어울리기 때문이다. 게다가 사회적 기술이 아직 미성숙한 아이들이기에 이번에 내 아이가 피해를 입었다고 해도 다음번에는 상대 아이에게 피해를 줄 수도 있다. 그러니 아이에게 이번엔 네가 매우 속상하겠지만, 너로 인해 다른 친구도 억울한 일이 생길 수 있다는 점을 알려주는 것이 좋다. 저학년 아이들은 부모가 억울하고 속상한 마음을 알아주는 것만으로도 큰 위안을 받고, 나쁜 기억을 훌훌 털어버린다.

아이들 사이에서 다툼이 가장 많이 일어나는 시기는 초등 중학년 때다. 어떤 아이들은 심리적으로 아직 저학년 수준에 머물러 있고, 또 어떤 아이들은 이른 사춘기가 시작되는 등 발달단계에 차이가 벌어지는 만큼 다툼이 자주 일어난다. 논리적 사고가 발달하여 교사가 지도할 때 난감한 순간이 생기기도 한다. 하지만 싸움의 원인은 여전히 '사소하거나 자기중심적인 사고로 인한 다툼일 때가 많다.

초등 중학년 때부터 성별에 따른 갈등 양상의 차이를 보이는데, 남자아이들은 신체가 발달하면서 몸싸움이 자주 일어난다. 친구와 다툼이 생길 때 충동적으로 몸이 먼저 나가는 아이도 있다. 문제는 상대 아이가 먼저 원인을 제공했더라도 내 아이가 신체적 폭력을 가했다면 학교폭력 사건으로 분류되는 일이 종종 발생한다는 것이다. 만약 충동성이 강한 아이라면 아이에게 적합한 정서조절 방법을 알아보고, 자신의 감정을 잘 다스리도록 도와주는 것이 중요하다.

초등 중학년 여자아이들의 경우 무리를 짓는 특성이 분명하게 나타난다. 발달이 빠른 아이들은 저학년 때부터 무리를 짓기 시작하는데, 중학년 되어서는 친한 친구들끼리 떼를 지어 함께 몰려다닌다. 화장실을 갈 때도 삼삼오오 모여 가거나 선생님의 심부름을 할 때도 꼭 친구를 데리고 가는 모습을 심심치 않게 볼 수 있다.

이런 '무리짓기' 특성은 집단에 소속되어 안정감을 추구하는 데서 오는 자연스러운 본능이다. 문제는 무리 밖의 친구들을 배척하거나 무리 안에서 낙오되지 않으려고 애쓰다가 심한 스트레스를 받는 경우이다. 이럴 때 엄마는 예민해지기 쉽다. 친한 친구들끼리만 뭉쳐 노는 여자 아이들의 특성을 이미 잘 알고 있기 때문이다. 하지만 너무 걱정할 필요는 없다. 지난날을 돌이켜봤을 때 우리 모두 그 시기에 비슷한 어려움을 겪으면서 잘 성장하지 않았는가.

무리를 만들고, 갈등이 생겨 무리에서 나오고, 새로운 무리를 찾아다니는 동안 아이들은 내가 어떤 사람인지, 어떤 친구들과 마음 편히 어울릴 수 있는지 등 자신에 대해 이해하게 된다. 무리 안에서 여러 갈등을 겪으며 사회적 기술도 연마한다. 그러니 너무 조급하게 생각하지 말고, 이런 갈등을 통해 더 단단해질 수 있다는 믿음을 갖고 아이를 지켜봐야 한다. 물론 상황이 심각하다는 판단이 들면, 곧바로 담임교사에게 도움을 요청해야 한다. 교사 한 사람이 다수의 아이를 상대해야 하는 지금의 교실 여건상 담임교사가 열심히 관찰해도 간혹 놓치는 부분이 있을 수 있기 때문이다.

사회성이 발달한 초등 고학년 때는 부모의 개입을 최소화하는 것이 좋다. 교사도 고학년 아이들 사이에 갈등이 일어났을 때 쉽게 개입하기 어렵다. 부모나 교사가 이끄는 방향으로 따라오는 저학년 아이들과 달리, 교우관계에 자신만의 경험을 쌓은 고학년 아이들의 경우 어른의 관점으로 갈등을 해결하는 데는 분명한 한계가 있기 때문이다. 중학년까지는 딱히 무리를 짓는 모습을 보이지 않았던 남자아이들도 고학년이 되면서 성향 및 서열에 따라 뚜렷한 무리 짓기 특성을 보인다. 여자아이들은 여전히 무리 안팎으로 다양한 갈등 양상을 보인다.

사춘기에 들어선 아이들은 친구 사이에 생긴 문제를 부모에게 잘 이야기하지 않아서 아이의 어려움을 뒤늦게 알게 되는 경우가 많다. 따라서 평소 아이의 이야기에 귀 기울여주고, 아이의 심리적 변화를 세밀히 관찰하려는 노력이 필요하다. 아울러 집에서는 너무 착한 내 아이도 집단을 따르고자 하는 또래 문화에 익숙해져 학급 내 따돌림 문제에 가담할 수 있다는 사실을 염두에 두어야 한다. 이것이 가정에서 꾸준히 존중과 배려, 따돌림 문화의 폭력성을 가르쳐주어야 하는 이유다.

부모가 도와줄 수 있는 유일한 것

어른들이 직장에서 고군분투하며 하루를 보내는 것처럼 아이들도 학교와 학원에서 긴장 상태로 수업을 들으며 하루를 보낸다. 여기에 친구 문제까지 겹쳐 힘들어하는 아이에게 필요한 건 내 편이라는 든든한 심리적 지지자다. 아이가 친구 문제로 고민을 털어놓을 때 부모로서 어떻게 대처하면 좋을까?

먼저 아이의 이야기를 최선을 다해 들어주어야 한다. 상황에 대해 평가하지 않고, 아이의 마음에 조건 없이 공감해주면서 친구 문제는 너만의 고민이 아니라는 것, 엄마 아빠도 같은 문제로 힘들었다는 이야기를 해주자. 더 나아가 아이가 할 수 있는 일이 무엇인지, 어떻게 해결하면 좋을지 함께 고민하고 언제든지 도움을 청해도 된다는 사실을 알려주자.

심각한 갈등이 아니라면 아이 스스로 해결할 수 있도록 용기를 북돋아 주어야 한다. 자기 생각과 감정을 친구에게 솔직하게 표현하도록 돕는 것이다. 이런 노력에도 친구와 같은 이유로 다툼이 계속 일어난다면 담임교사에게 도움을 요청하는 것이 좋다. 이때 부모님이 아이의 대변인으로 나설 것이 아니라, 아이가 직접 선생님께 말씀드려 도움을 받도록 해야 한다. 만약 다른 친구들의 눈치가 보이거나 말로 상황을 잘 전달할 자신이 없다면 편지나 일기를 쓰는 것도 좋은 방법이다. 아이들은 친구와 갈등을 조율하는 과정에서 문제해결력과 회복탄력성이 자란다. 이런 경험을 통해 많은 것을 배우고, 다음에 비슷한 상황에 부닥쳤을 때 좀 더 지혜롭게, 용기 있게 헤쳐나갈 수 있게 된다.

만약 담임선생님께 직접 도움을 요청했는데도 상황이 나아진 게 없고 여전히 아이가 힘들어한다면, 그땐 부모님이 나서 상담을 요청해보자. 상담 시 중요한 것은 내 아이의 힘든 점을 일방적으로 이야기하는 것이 아니라, 담임선생님이 객관적으로 보는 상황을 열린 자세로 듣는 것이다. 내 아이뿐만 아니라 학급 내 모든 아이의 기질이나 특성, 교우관계 등 많은 정보를 알고 있는 선생님은 최대한 문제를 원만하게 해결하도록 도울 것이다.

우리 아이 착하기만 해서 치일까 걱정되시나요?

상담을 하다 보면 "우리 아이가 너무 착해서 다른 아이들에게 치일까 걱정이에요."라고 말씀하시는 부모님이 많다. 그 말의 맥락에는 '착하면 호구 된다'는 인식이 깔려 있다.

이런 아이들이 있다. 친구의 감정이 상할까 봐 곤란한 부탁을 거절하지 못해 다 받아주는 아이, 친구에게 학용품을 빌려주느라 정작 자기 과제는 수행하지 못하는 아이 말이다. 많은 부모님이 내 아이가 자기 권리를 주장하지 못해 손해를 볼까 걱정하신다. 그렇다면 이런 아이들은 과연 착한 아이일까? 아니면 거절이 어려운 아이일까?

건강한 자존감에서 나오는 이타심

착함에는 두 가지 유형이 있다. 친구의 곤란한 부탁을 거절하지 못해 뭐든지 들어주고야 마는 아이는 자존감이 부족해 나의 권리보다 타인의 권리를 우선하는 착함이다. 이와 달리 착하지만 단단한 마음에서 나오는 착함이 있다. 이 단단한 마음의 원천은 바로 '자존감'이다. 자존감이 높은 아이는 자기 자신을 귀하여 여길 줄 알면서도 친구의 감정을 이해하고 공감하는 능력 또한 뛰어나다. 내 권리가 소중한 만큼 타인의 권리도 존중한다.

교사의 시선으로 훌륭한 인성을 지녔다고 평가하는 아이는 건강한 자존감을 바탕으로 한 '이타심'이 많은 아이다. 이런 아이가 교실에 있으면 교사로서 정말 든든하다. 그야말로 '유니콘' 같은 존재랄까! 이런 유니콘들은 알게 모르게 교실 분위기를 긍정적으로 바꿔준다.

6학년 교과 수업을 담당했을 때의 일이다. 고학년이 되면 보통 개성이 강하거나 유머러스한 친구들이 학급회장에 당선되고는 한다. 그런데 학급회장이었던 민호는 묵묵히 수업을 듣는, 크게 눈에 띄지 않았던 학생이었다. 그래서인지 민호는 어떤 아이일까 무척이나 궁금했다. 하루는 민호네 반 담임선생님의 부재로 급식

지도를 대신하게 되었다. 교실에서 배식하는데, 민호 짝꿍이 속이 많이 안 좋았는지 화장실에 가려고 일어난 순간 구토를 하고 말았다. 민호의 식판은 말할 것도 없거니와 옷까지 구토물로 뒤덮였다. 모두가 놀란 그 순간, 민호는 아무렇지 않게 식판을 정리하더니 휴지로 자신과 짝꿍의 옷까지 닦으며 울먹이는 친구를 괜찮다고 달래주는 것이 아닌가. 그제야 민호가 왜 학급회장으로 뽑혔는지 알게 되었다. 친구의 실수에 화내지 않고, 당황스러웠을 친구를 배려하는 행동이 정말 어른스러웠다. 민호의 이런 배려 넘치는 행동들이 차곡차곡 쌓여 반 친구들의 두터운 신망을 얻었을 것이다. 그리고 민호를 향한 신뢰와 고마운 마음은, 민호를 더욱더 마음이 단단한 아이로 자랄 수 있게 했을 것이다.

내향적인 기질을 가진 아이의 부모님들이 자주 하시는 말이 또 있다. 바로 "우리 아이는 내향적이라서 리더는 못될 것 같아요."라는 말이다. 그러나 '내향적'이라는 것은 그야말로 기질이다. 기질은 타고나는 것으로 뜻대로 바꿀 수 없는 것이다. 하지만 이해심, 배려심, 이타심, 협동심 같은 성품은 교육으로 키울 수 있다.

초등학교 시절엔 내성적인 성향으로 눈에 띄지 않았던 학생이었는데 고등학교에 가서 동아리장, 학급회장, 전교 임원이 되었다는 소식을 종종 듣는다. 그 아이의 기질이 외향적으로 바뀐 걸까? 기질이 바뀐 것이 아니라, 아마도 중·고등학교에 걸쳐 다양한 경험을 쌓으며 성품과 사회적 기술을 발달시켰을 것이다. 역사적으로 세계 지도자 중에는 내향적인 성격을 가진 인물이 많다고 한다. 그러니 아이의 기질만 보고 아이가 가진 잠재력을 무시한 채 앞으로의 미래를 예단해서는 안 될 것이다.

부모님이 가장 궁금해하고 자주 하는 질문 중 하나가 "우리 아이는 어떤 친구와 친한가요?"다. 지은이 부모님도 그랬다. 3학년 지은이는 반 아이들과 잘 어울리지 못하는 친구를 챙기는 따뜻한 마음씨의 소유자였다. 배려가 몸에 배어있는 지은이는 친구가 억울한 일을 당하면 앞장서서 그 친구의 대변인이 되어주기도 했다. 지은이 부모님은 그런 아이가 대견하면서도 한편으로는 공부를 잘하고 우수한 아이들과 어울렸으면 좋겠다는 바람을 가지고 계셨다. 지은이가 뛰어난 아이들과 어울렸을 때 더 큰 성장을 하지 않을까 생각하셨던 것 같다. 학부모 상담을 끝내고, 지은이를 불러 이야기를 나눴다. 담임교사로서 내심 지은이가 어떤 마음으로 소외된 친구들을 도와주는지 궁금했기 때문이다. 지은이는 조금의 머뭇거림도 없이 이렇게 말했다.

"선생님, 저는 친구들이랑 늘 즐겁게 놀면서 행복한데 그렇지 못한 친구들을 보면 마음이 아파요. 제가 도와줘서 친구가 좋아하는 모습을 보면 뿌듯하고 행복해요."

정말 훌륭한 대답이 아닐 수 없다. 지은이는 주변 사람들을 살피는 세심함과 안타깝게 생각하는 동정심, 그리고 내가 타인의 삶을 행복하게 해줄 수 있다는 나눔의 자세를 가졌다. 지은이의 말처럼 즐거움은 나눌수록 커지는 감정이다. 다른 사람과 진심으로 소통하고, 서로를 존중하며 어울릴 때 더 큰 즐거움과 행복감을 느낄 수 있다. 그리고 학교는 저마다 다른 모양과 색깔을 지닌 아이들이 모여 함께 성장하는 곳이다.

아이가 착해서 친구들에게 이용당하지 않을까 하고 노심초사하시는 부모님께 드리고 싶은 말씀은 건강한 자존감을 가진 아이라면 걱정할 필요가 없다는 것이다. '난 존재 자체로 귀한 사람이다'라는 생각에서 한 걸음 더 나아가 '난 다른 사람에게 좋은 영향을 주는 소중한 존재다'라는 생각으로 발전시킬 수 있다면, 사회에 나가서도 끊임없이 선한 영향력을 끼칠 수 있는 소중한 사회의 일원이 될 것이라 믿는다.

하루 종일 친구를 이르는 아이,
무엇이 문제일까?

"선생님! 이리 와보세요!"

"선생님! 이거 보세요!"

"선생님! 할 말 있어요!"

"선생님! 재가요!"

쉬는 시간마다 벌어지는 익숙한 풍경이다. 담임선생님은 쉬는 시간에 더 바쁘다. 여러 이유로 선생님을 찾기 때문인데, 그중에는 친구를 이르러 오는 아이의 말을 들어주느라 쉬는 시간을 다 써버리는 일도 있다. 물론 교사가 반드시 알아야 하고, 적극적으로 개입해야만 하는 중대한 사안도 있다. 하지만 아이들 스스로 해결하거나, 아이들끼리 해결해야만 하는 사안이 대부분이다. 선생님에게 이를 만한 내용이 아닌 것들도 많다.

친구를 이르는 행동은 주로 저학년 아이들에게 나타난다. 고학년이 될수록 친구관계가 중요해지면서 선생님에게 친구의 잘못을 알리기가 부담스러워지기 때문이다. 그런데 간혹 저학년 때 친구를 이르던 행동이 고학년까지 이어지는 경우가 있다. 이럴 때 아이의 교우관계에 문제가 생기기 쉽고, 학교생활의 만족도 역시 매우 낮아진다.

사소한 것 하나하나 선생님에게 이르는 친구를 좋아할 아이는 없다. 친구들 사이에 이르기 대장으로 인식되면, 실수하거나 잘못을 저질렀을 때 거꾸로 다른 친구들에게 공격을 당하기 쉽다. 따라서 초등학교 입학 전에, 적어도 저학년 시기에 고자질이 습관이 되지 않도록 바로잡아주는 것이 좋다.

같은 상황에서도 아이마다 대처 방법이 다르다

그렇다면 저학년 학생 대부분이 친구를 자주 이를까? 대답은 '그렇지 않다'이다. 모든 교사가 공감하겠지만, 친구를 자주 이르는 학생은 정해져 있다. 쉬는 시간마다 선생님에게 친구를 이르러 나오는 학생도 정해져 있다. 같은 상황을 겪어도 어떤 아이는 선생님께 이르고, 어떤 아이는 이르지 않는다. 아이마다 대처하는 방법이 다른 것이다.

하루는 우리 반 종우가 교실 바닥에 우유를 쏟았다. 사실 1학년 교실에서는 365일 중 360일은 우유 냄새가 진동할 만큼 우유를 쏟는 일이 자주 일어난다. 그래서 저학년 담임교사들은 될 수 있는 한 1교시 쉬는 시간에 제자리에 앉아서 우유를 먹도록 지도한다. 그런데도 꼭 돌아다니며 우유를 먹다가 바닥에 쏟는 아이들이 있다. 종우가 교실 바닥에 우유를 흘리기가 무섭게 민수가 쪼르르 달려와 "선생님! 종우가 돌아다니면서 우유를 먹다가 바닥에 흘렸어요!"라며 이른다. 반면에 창현이는 자기 사물함에서 휴지를 가져와 바닥에 흘린 우유를 닦는다. 심지어 창현이는 종우의 단짝 친구도 아니다.

물론 선생님이 교실에서 돌아다니며 우유를 먹지 말라고 지도한 바 있지만, 그 순간 올바른 행동을 한 아이는 창현이라는 사실에 누구나 동의할 것이다. 곤란한 상황에 놓인 친구를 이르는 아이와 돕는 아이. 민수와 창현이가 보이는 행동의 차이는 교실에서 매일 매 순간 나타난다.

아이들이 선생님에게 이르는 사안을 상황별로 살펴보면 크게 두 가지로 나눌 수 있다. 첫째, 친구의 행동에 손해를 입었다고 생각하는 경우다. 예를 들어 친구가 자신을 치고 지나갔다거나 자신의 말을 잘 들어주지 않았을 때다. 둘째, 직접적인 피해를 보진 않았지만 친구의 행동이 잘못됐다고 판단한 경우다. 친구가 준비물을 안 챙겨왔다거나 학급 규칙을 어길 때다. 상황별로 민수와 창현이라면 어떻게 대처했을지 살펴보자.

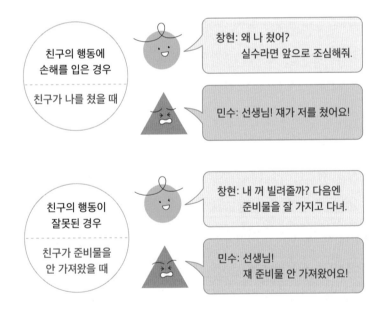

저학년 때부터 친구들 사이에 벌어지는 사소한 다툼이나 갈등을 스스로 해결하는 연습을 해야지만, 건강한 관계를 유지하는 방법을 터득할 수 있다. 아울러 친구가 실수하거나 잘못을 저질렀을 때, 이를 올바르게 대처하는 과정에서 아이들은 자신의 행동을 반성하고 성장해나간다.

친구를 이르는 행동이 계속되면 나중엔 습관으로 굳어진다. 고자질이 습관이 되면 친구가 딱히 잘못한 것도 없고 나에게 피해를 준 것도 없는데 선생님께 쪼르르 달려가 이른다. 실제로 하루 종일 친구를 이르는 아이들 중에는 특별한 이유 없이 친구를 이르는 경우도 많다. 단지 친구가 마음에 들지 않는다는 이유로 "선생님! 예진이가 쉬는 시간에 그림을 그리고 있어요. 그래도 돼요?"라고 알리는 것이다.

친구를 이르는 원인과 해결책

교실 바닥에 우유를 쏟은 친구의 실수에 두 아이가 서로 다르게 행동한 이유는 무엇일까? 창현이는 친구를 협력 상대로, 민수는 친구를 경쟁 상대로 보았기 때문이다. 친구를 경쟁 상대로 인식하는 것은 학생 개인의 기질적인 특징이나 유전적인 원인도 있겠지만, 가장 근본적인 원인은 아이에게 내재한 '불안'에서 찾을 수 있다. 친구의 잘못을 선생님에게 고해바치면서 자신은 그러한 행동을 하지 않고 있다는 것을 확인받고 싶어 하는 것이다. 여기에는 선생님에게 끊임없는 관심과 사랑을 받고 싶어 하는 마음이 깔려 있다.

아이가 자라온 양육환경이 과한 경쟁심을 유발했거나, 가정에서 충분한 사랑과 관심을 받지 못한 경우 민수처럼 행동하는 일이 종종 있다. 실제로 형제·자매 간에 경쟁 구도가 굳어진 가정에서 자란 아이들은 학교 친구를 또 다른 경쟁 상대로 여기고, 작은 실수나 잘못에도 친구를 선생님에게 이른다. 이러한 아이의 불안을 잠재우고 친구를 자꾸 고자질하는 행동을 바로잡기 위해서는 어떻게 해야 할까?

먼저 가정과 학교에서 아이에게 충분한 관심과 사랑을 주어야 한다. 아이가 친구의 실수나 잘못을 통해 자신의 능력을 증명하거나 선생님의 관심을 받을 기회로 삼지 않도록 지도해야 하는 것이다. '너는 너대로 충분히 잘하고 있고, 잘할 수 있다'는 믿음을 심어주는 것이 중요하다. 자존감이 올라가야 불안이 사라지고, 친구의 잘못이나 실수에도 관대할 수 있다.

그다음으로 누군가를 돕는 행동의 즐거움을 알려주어야 한다. 곤란한 친구를 도울 때 얻을 수 있는 기쁨과 보람을 한번 맛보면 더는 친구의 잘못이나 실수를 나의 기회로 여기지 않는다. 친구의 성장이 나의 성장에도 도움이 된다는 것을 알기 때문이다.

마지막으로 문제 상황을 스스로 해결하려는 연습이 필요하다. 친구와 대화로 해결할 수 있는 문제까지 선생님에게 의존하는 것은 아이의 성장에 방해가 될 뿐이다. 문제를 자율적으로 해결하고, 더 나아가 친구에게 도움을 주는 사람이 되기 위해서는 부모의 과도한 간섭이나 교사의 개입을 자제하는 편이 좋다.

그렇다고 아이들에게 무슨 일이 있어도 친구를 이르면 안 된다고 가르치는 것은 삼가야 한다. 학교에서 벌어지는 일 중에는 반드시 선생님에게 알려야 하는 사안도 있다. 그렇기에 반드시 선생님에게 알려야 할 것과 그렇지 않은 것을 명확히 알려주는 것이 중요하다. 친구가 자신 또는 다른 친구에게 신체적·언어적 폭력을 행사하거나 여러 번 말해도 불편한 행동을 반복하여 괴로울 때는 선생님에게 말해 도움을 받도록 한다. 이런 경우 선생님에게 알리는 것은 불필요한 고자질이 아니라 정당한 행동임을 알려주어야 한다.

할 말은 하는 아이가 살아남는다

3학년 진영이는 조용한 아이다. MBTI를 물어본 적은 없지만 누가 봐도 E(외향형)보다는 I(내향형)에 가까웠다. 학습 이해도가 높은 편이었지만, 그것조차 잘 드러내지 않아 아이들은 진영이가 공부를 잘하는지 못하는지도 가늠하지 못했다. 아주 가끔 발표할 때 정확한 답변을 내놓는 진영이를 보고, 대충 공부를 못하지는 않겠거니 생각하는 눈치였다. 그런데 진영이에게는 묘한 능력이 있었다. 조용해서 눈에 띄는 아이가 아닌데도 많은 아이가 진영이를 믿고 의지하고 있었다.

6학년 소율이 역시 과묵한 아이였다. 심지어 학군이 괜찮기로 소문난 학교에서 학업성취가 다소 떨어지는 편이었다. 그런데도 공부를 잘하는 아이, 못하는 아이 할 것 없이 모두 소율이를 따랐다. 힘으로 친구들을 굴복시킨 것도 아니었다. 내향적 기질을 가진 진영이와 소율이의 매력은 어디에서 나오는 걸까?

조용한 강자의 공통점

진영이는 또래보다 어른 같은 데가 있었다. 친구가 물을 흘리면 조용히 다가가서 같이 닦아주는 등 배려가 몸에 밴 아이였다. 평소엔 말수가 적지만, 한 친구가 다른 친구를 놀리면 옆에서 "그렇게 놀리면 안 되지!"라고 분명하게 한마디 던질 줄도 알았다. 진영이의 성숙한 면모는 특히 무용 수업 시간에 빛이 났다. 빨리 동작을 익혔다고 자랑하기는커녕 헤매는 친구들을 기꺼이 도와주었다. 자존심을 건드리지 않으면서도 친절하게 동작을 알려줘서 반 아이들 모두가 진영이와 친하게 지내고 싶어 했다.

소율이에게는 뛰어난 리더십이 있었다. 동아리 활동 때 후배와 친구들과 협동하는 과정에서 소율이의 리더십은 더욱 빛을 발했다. 후배들을 엄마처럼 챙겨주고, 과제를 해결하다가 딴짓하는 친구들에게 쓴소리도 하며 합리적으로 의견을 조율했다. 게다가 자신이 맡은 일에 항상 최선을 다했다.

상당수 학부모는 내 아이가 '인싸insider'로 자라길 희망한다. 남들한테 인정받고, 모임의 주인공으로 주변 사람들과 잘 어울려 지냈으면 하는 바람에서다. 그렇지만 꼭 외향적이고 공부를 잘해야만 인기가 있는 것은 아니다. 진영이와 소율이처럼 조용해도 친구들이 따르는 아이가 있다. 고요함 속에 특출난 리더십을 가진 두 아이를 지켜본 결과 다음과 같은 공통점을 찾을 수 있었다.

첫째, 주변을 살필 줄 아는 시야를 가졌다. 초등학교에 갓 입학한 아이들은 대체로 자기중심적이다. 이는 발달 과정상 자연스러운 현상이다. 아이들은 가정과 학교에서 사회성을 기르면서 점차 자기중심성에서 벗어난다. 진영이와 소율이는 자기 위주로 생각하고 행동하는 것이 아니라, 친구의 감정을 고려하여 행동할 줄 알았다.

둘째, 필요한 상황에서 할 말은 했다. 두 아이 모두 말수가 적은 편이지만, 다른 친구들의 눈치를 보지 않고 할 말은 다 했다. 평소에 말을 잘하는 사람도 결정적인 순간에는 오히려 아무 말도 못 하는 경우가 있다. 그러나 진영이와 소율이는 자기 일에도 할 말은 하고, 다른 친구가 부당한 일을 당할 때도 방관자로 남지 않고 용기 내서 말하는 아이들이었다.

셋째, 긍정적인 공동체 문화를 만드는 데 일조했다. 진영이와 소율이는 성숙한 태도로 주변을 배려하고 정의로운 일을 위해 목소리를 냈다. 이런 태도는 주변 친구들의 마음을 움직이고, 닮고 싶다는 생각을 하게 만든다. 자연스럽게 서로 배려하고 존중하는 학급 분위기가 조성되는 것이다.

주변을 살피며 친구들을 배려하고, 부당한 일에 분명하게 할 말은 하는 것. 이것이 교실 안 조용한 강자들이 갖는 공통점이다.

할 말을 하는 아이의 힘

할 말은 해야 하는 결정적인 순간은 언제일까? 크게 두 가지로 나눌 수 있는데 하나는 내가 불편한 상황이고, 또 다른 하나는 내겐 그다지 불편함이 없지만 다른 아이 또는 학급 전체에게 불편함을 주는 상황이다.

친구의 행동에 손해를 입는 상황은 매우 다양하다. 일부러 그런 경우도 있고, 모르고 불편함을 주는 일도 있다. 예를 들어 뒷자리 아이가 앞자리 아이를 발로 찬 상황이라고 가정해보자. 이때 앞자리 아이는 어떻게 반응할까? ① 그 누구에게도 말하지 못하고, 가만히 앉아 운다. ② 뒷자리 아이에게는 아무 말도 못 하고,

선생님에게 상황을 알린다. ③ 뒷자리 아이에게 "내 의자 차지 마! 너도 차 버릴 거야!"라고 말한다. ④ 뒷자리 아이에게 "네가 자꾸 발로 차서 내가 불편해. 집중해서 공부할 수 있도록 앞으로 차지 말아줘."라고 이야기한 후 선생님에게 상황을 말한다.

상당수 아이들은 아무 말도 못 하거나(① 또는 ②) 자기도 발로 차며 싸운다(③). 아무 말도 못 하는 아이들은 기질적으로 말할 용기가 부족한 것도 있지만, "하지 마!", "불편해."라는 부정적인 말을 하면 친구가 나를 싫어할까 봐 두려워서 말하기를 꺼린다. 그러나 매번 참기만 하면 친구와의 수평적인 관계가 무너져 건강한 친구관계를 오래 유지하기 어렵다. 또한 친구의 행동을 그대로 돌려주며 같이 싸우는 것은 서로에게 상처만 남길 뿐, 같은 상황이 반복될 가능성이 크기 때문에 근본적인 해결책이 될 수 없다.

나에게 직접적인 피해는 없지만, 다른 아이 또는 학급 전체에게 불편함을 주는 경우도 있다. 예를 들어 다른 교실로 이동하려고 복도에 줄을 섰는데 한 아이가 뛰어오면서 다른 친구들과 부딪혀 줄이 엉망이 된 상황이라고 가정해보자. 이런 경우 아이들은 말을 꺼내기 더 어려워한다. 자신이 당한 일에도 목소리를 내기 힘든데, 다른 사람이 당한 일에는 오죽 그럴까.

친구의 행동에 상처를 입어도 자신의 마음을 솔직하게 표현하지 못하는 아이들이 있다. 그러나 교실 속 조용한 강자들은 다르다. 그들은 결정적인 순간에 할 말은 한다. 그들의 말에는 묵직한 한 방이 있다. 이들처럼 말에 무게가 실리기 위해서는 다음과 같은 두 가지 조건이 필요하다.

첫째, 평소 모범을 보여야 한다. 복도를 뛰어다니며 다른 친구들을 밀치고 다녔던 아이가 갑자기 바른말을 한다고 해서 그 말을 들을 아이는 아무도 없다. 평소 행실이 바르고 이타적인 아이의 말에 무게가 실리는 것은 당연하다.

둘째, 친절하되 단호한 말투로 이야기해야 한다. 간혹 바른말을 하지만 화를 내며 말하는 경우가 있다. "뛰지 마! 너 선생님께 다 이를 거야!"라고 하는 식이다. 이보다는 친절하되 단호한 말이 더 힘이 있다. "복도에서 뛰거나 친구들을 밀면 다칠 수 있다고 선생님께서 말씀하셨잖아. 밀지 말고 천천히 걸어 다니자." 이렇게 친구가 잘못된 행동을 고쳐 다른 아이들과 사이좋게 지내길 바라는 마음이 전해지는 말투가 좋다. 이를 위해서는 어려서부터 '할 말을 할 줄 아는' 연습이 필요하다. 다른 사람을 공격하지 않으면서도 내 감정과 의견을 분명히 전하는 '나 전달법'을 활용해보자.

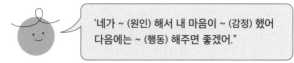

'네가 ~ (원인) 해서 내 마음이 ~ (감정) 했어 다음에는 ~ (행동) 해주면 좋겠어.'

친절하면서 단호한 말은 나를 지키며 더 나아가 다른 친구들의 믿음과 지지를 얻는다.

자신의 감정이나 생각을 다정하고 분명하게 말할 줄 아는 아이는 친구의 실수나 잘못으로 인해 상처를 입을 확률이 줄어든다. 또 곤란한 친구를 돕기 위해 할 말을 함으로써 친구들의 믿음과 지지를 얻는다. 자연스럽게 친구들 사이에서 인기 많고 신뢰할 수 있는 '리더형 아이'로 자리 잡는다.

물론 모두가 교실의 강자일 필요는 없다. 리더일 필요도 없다. 개개인이 모여 이룬 사회에서는 구성원 모두가 소중하다. 리더든 구성원이든 간에 다른 이들과 더불어 살며 나 자신의 가치를 높이고, 한 명 한 명 반짝이는 존재로 자리매김한다면 그것만으로 충분하다. 올바른 가치가 무엇인지 고민하고, 자신의 삶을 주체적으로 이끌어나갈 때 자기 인생의 리더로 성장한다. 그리고 이런 삶의 리더들이 모여 아름다운 사회를 꽃피운다.

싸움이 일어나도 괜찮다

    사람이 모여 있는 곳에 꼭 생기는 것이 있으니, 바로 갈등이다. 교실 안에서도 크고 작은 갈등이 끊임없이 일어난다.

    1학년 연준이는 친구들과 자주 갈등을 빚는 아이였다. 중간놀이 시간에 연준이가 속한 모둠은 경찰과 도둑 놀이를 하기로 했다. 일반적인 게임 규칙이 있지만, 그 규칙대로 하면 게임이 잘 굴러가지 않는 1학년 아이들의 특성상 새로운 규칙을 만들자는 이야기가 나왔다. 다양한 규칙을 제안한 아이들끼리의 해결방법은 오늘은 연준이 방법으로, 내일은 민준이 방법으로 노는 것이었다.

    여기까지는 공평하니 좋았는데, 막상 자기가 정한 규칙이 아닌 다른 친구가 정한 규칙을 따라야 하는 날짜가 되니 연준이의 태도가 달라졌다. 갑자기 하기 싫다고 했다. 친구들은 어제는 네가 정한 규칙대로 놀았는데 왜 오늘은 싫다고 하냐, 규칙을 잘 지키자고 약속해놓고 왜 말을 바꾸냐며 따져 물었지만, 연준이는 요지부동이었다. 아이들에게 점심시간 다음으로 소중한 중간놀이 시간이 허무하게 날아가 버렸다. 여섯 명 모두 잔뜩 화가 났다.

내 잘못 인정하기

아이들에게 놀이 상황을 자세히 듣고, 그때 들었던 생각이나 감정을 이야기해보도록 했다. 또 싸움이 일어난 순간에 친구에게 했던 말이나 행동 중에 자신이 잘못했다고 생각하는 것이 있는지 물었다. 아이들은 여럿이서 연준이에게 비난의 말을 퍼부은 것이 잘못임을 인정했다. 그 점을 사과하고, 다음번에 이런 상황이 오면 한 사람씩 최대한 부드럽게 말해보겠다는 약속을 했다.

아이들과 함께 갈등을 해결하는 과정은 보통 이와 같은 흐름으로 진행된다. 자기 잘못을 '인정'하고, 그 부분에 대해 '사과'하며 다시는 하지 않겠다는 '약속'을 하는 흐름이다. 이런 해결 과정을 거치면, 아이들끼리는 금세 화가 풀리고 다시 어울려 놀면서 우애를 다진다.

하지만 연준이는 그러지 않았다. 다른 친구들은 자신이 잘못한 부분을 인정했지만, 연준이는 끝까지 약속을 어긴 것을 인정하지 않았다. 결국 친구들에게 사과하지 못한 채 하루가 지났다. 이 일로 연준이 부모님과 상담을 하게 되었다.

"어머니, 연준이 일로 전화드렸습니다. 친구들과 갈등이 생겼는데, 연준이가 자기 잘못을 인정하지 않아서 친구들이 화가 많이 났어요. 이 일로 친구들과 사이가 틀어질까 봐 걱정됩니다. 연준이한테 형이 있던데, 형하고는 어떻게 갈등을 해결하나요?"

"선생님, 안녕하세요. 형하고는 잘 지내고 있어요. 네 살 터울이라 형이 많이 양보합니다. 연준이가 집에서 막내고, 애교도 많아서 할머니 할아버지께서도 사랑을 듬뿍 주고 있습니다."

"연준이가 가족들에게 이해를 많이 받고 있군요. 저도 연준이가 학교생활을 하는 모습을 보면서 그런 점을 많이 느낍니다. 하지만 이해를 받는 것과 갈등을 해결하는 것은 조금 다른 문제인데요. 혹시 연준이가 다른 가족을 먼저 이해해줬던 적이 있을까요? 다른 가족한테 양보했던 경험 같은 거요. 양보하는 경험이 쌓이면 또래 친구들과의 갈등도 잘 해결할 수 있을 것 같아요."

"선생님, 우리 아이가 친구들하고 싸워서 어떡해요. 안 싸우고 잘 지내면 좋겠는데…"

"어머니, 친구들과의 갈등은 함께 어울려 노는 이상 발생할 수밖에 없습니다. 학교는 이런 갈등 상황을 해결하는 방법을 배우는 곳이에요. 저는 아이들 사이에서 갈등이 생기면 자기 잘못을 인정하고, 그 부분에 대해 사과하며, 다시는 그러지 않겠다는 약속을 하도록 가르칩니다. 그런데 연준이는 자기 잘못을 인정하지 않아 그다음 단계를 배우지 못하고 있습니다. 집에서 다른 식구들과 갈등이 일어났을 때 한 사람만 일방적으로 양보하거나 이해하고 넘어가기보다는 대화를 통해 자신이 잘못한 부분을 인정하는 시간을 가졌으면 좋겠습니다. 그래야 연준이도 갈등을 원만하게 해결하는 방법을 배울 수 있어요. 학교 친구들과 잘 지내기 위해서는 자기 잘못을 인정하고 사과하는 법을 꼭 익혀야 합니다."

아이의 역량 향상을 위해선 갈등이 꼭 필요하다

2022 개정교육과정에서 학생들이 미래사회를 위해 길러야 할 역량으로 '협력적 소통역량'을 제시했다. 2015 개정교육과정에 있던 '의사소통역량'을 '협력적 소통역량'으로 바꾼 것이다. 왜 이렇게 바꿨을까?

2015 개정교육과정에서는 의사소통역량, 즉 자신의 생각이나 감정을 효과적으로 표현하는 역량을 중요하게 생각했다. 하지만 2022 개정교육과정에서는 다른 사람의 생각을 잘 듣고 수용할 부분은 수용하며, 반박할 거리가 있을 땐 자기 생각을 조리 있게 말하는 협력적 소통역량이 필요하다고 보았다. 미래사회의 특징 중 하나는 '불확실성'이다. 하루가 다르게 발전하는 과학기술과 급변하는 사회 정세는 미래를 예측하기 어렵게 만들었다. 불확실한 미래를 대비하기 위해 사람들과 소통하며 생각을 나누고 의견을 모으는 역량이 중요해진 것이다.

요즘 아이들의 가족관계를 보면 형제자매 없이 외동인 경우가 많다. 같이 놀 상대가 없어 스마트 기기를 통한 일방적 소통이 늘고, 쌍방향 소통은 점점 줄어들고 있는 것이 현실이다. 그래서 수업을 계획할 때 모둠 또는 학급 단위로 과제를 해결할 수 있는 수업구조를 일부러 조직해 아이들의 협력적 소통역량을 길러주려고 노력한다. 개인으로 참여하는 활동을 계획할 수도 있지만, 일부러 모둠끼리 같은 팀이 되어 문제를 해결하는 활동을 준비한다거나 학급 전체가 공동의 목표를 달성하는 방식으로 수업을 진행한다.

이런 협력 활동은 협력적 소통역량을 길러준다는 장점도 있지만, 참여자들의 갈등을 유발한다는 단점도 있다. 그러나 이 단점역시 구성원 사이에 갈등을 해결하는 방법을 배울 수 있고, 그 자체로 협력적 소통역량을 키울 수 있는 소중한 기회이므로 많은 교사가 아이들의 성장을 위해 이런 수업을 계획한다.

학기 초 학급 구성원의 이름을 외우고 공동체 의식을 함양하기 위해 같은 반 친구들의 이름을 외우는 게임을 수업 중 활동으로 조직했다. 그런데 우리 반 성진이가 게임 방법이 어려워서 자꾸 헤맸었나 보다. 그랬더니 옆자리 친구가 "너는 왜 그것도 못 하냐!"라고 핀잔을 줬다고 한다. 속상한 성진이가 집에 돌아가고, 그다음 날 성진이 어머님이 쪽지를 보내오셨다.

"선생님, 성진이가 수업 시간에 게임을 했는데, 이름을 잘 말하지 못해서 친구가 놀렸다고 합니다. 수업 시간에 게임을 꼭 해야 할까요? 이렇게 친구와 싸움이 일어나니 부모로서 속상합니다."

성진이도 그렇고 어머님도 충분히 속상하실 수 있다. 하지만 아이가 속상했다는 이유로 수업 방식이 마음에 들지 않는다고 돌려 말씀하신 점, 이런저런 이유로 속상했다고 성진이가 직접 말하게 하지 않고 어머님이 대신 전달한 점이 교사로서 아이가 중요한 역량을 배울 기회를 놓친 것 같아 안타까웠다.

많은 학부모가 갈등 자체를 부정적으로 보거나 갈등이 일어나는 상황 자체를 힘들어하는 것 같다. 그래서인지 수업 계획과 실행은 교사 고유의 권한임에도 학부모가 임의로 판단하여 수업 내용과 방식을 바꿀 것을 요구하는 경우가 종종 있다. 그러나 이런 행동은 교사의 교육권을 침해할뿐더러 아이가 성장할 기회마저 방해한다.

아이들은 갈등을 통해 성장한다. 어른들의 깊은 중재로 갈등을 종결지으면 아이들은 배울 기회를 놓쳐버린다. 교사가 중재자로 나서지 않는 것은 갈등 상황에 아예 개입하지 않겠다는 뜻이 아니다. 아이들끼리 충분히 해결할 수 있는 사안이라고 판단한 경우 갈등을 통해 미래에 필요한 역량을 기를 수 있도록 조력자 역할을 하겠다는 의미다.

학교에서 일어나는 모든 갈등은 아이가 사회에서 자기 삶을 주체적으로 살아가기 위해 자신만의 길을 닦는 과정이다. 아이들은 갈등을 통해 세상을 탐색하며 힘차게 살아갈 준비를 하는 중이다. 그러니 아이들 싸움, 일어나도 괜찮다! 정말 괜찮다! 오늘도 아이들은 서로 부딪치고 어울리며 배우는 중이다.

아는 만큼 보이는 내 아이의 학교생활

학교에서 혼자 논다는 아이, 괜찮은 걸까요? 어떻게 도와줘야 할까요?

"학교에서 혼자 놀았어!"라는 아이의 말을 들으면 부모의 마음은 순간 덜컹 내려앉지요. 다들 삼삼오오 모여 노는데 혹시 내 아이만 친구들 무리에 끼지 못하는 건 아닌지, 친구들이 따돌리고 있는 건 아닌지 잠깐 사이에도 오만 가지 생각이 부모의 마음을 흔듭니다.

먼저 알아야 할 것은 쉬는 시간이나 놀이 시간에 아이들을 살펴보면 의외로 혼자 시간을 보내는 친구들이 생각보다 많다는 겁니다. 이 아이들은 모두 외로운 걸까요? 모두 사회성에 문제가 있는 것일까요? 그렇지 않습니다. 그중 몇몇은 자발적으로 혼자 노는 아이들입니다. 친구들과 어울리는 것보다 혼자 있는 것이 편해서,

하고 싶은 것을 하느라 자발적으로 혼자 노는 것이지요. 이런 아이들은 사회성에 큰 문제가 없습니다. 혼자 놀다가도 수업 시간에 모둠활동을 할 때는 무리 없이 제 몫을 해내지요. 친구들과 활발하게 교류하는 아이들도 가끔은 혼자 놉니다. 누구나 혼자만의 시간이 필요한 법이니까요. 그러니 아이의 '혼자 놀았다'는 말에 너무 놀라실 필요는 없습니다. 아이와 자연스럽게 대화를 나누며 어떤 상황에서 혼자 놀았는지, 그때 아이의 감정은 어땠는지를 파악하는 게 중요합니다.

만약 아이가 친구들과 놀고 싶지만 무리에 끼지 못해 비자발적으로 혼자 노는 것이라면 부모님의 적절한 개입이 필요할 수 있습니다. 아이의 기질상 부끄러움이 많아 친구에게 다가갈 용기가 부족할 수도 있고, 사회적 기술이 낮아 교우관계가 원만하게 이루어지지 못하는 것일 수도 있거든요.

부끄러움이 많은 아이라면 부모님이 친구를 사귈 수 있는 팁을 알려주는 것이 좋습니다. 친하게 지내고 싶은 친구를 자세히 관찰한 뒤 친구의 관심을 끌 만한 이야깃거리로 말을 걸어보는 것입니다. 내향적인 아이들에게는 이것도 굉장한 용기를 내야 하는 일이지요. 처음에는 '가까운 자리에 앉는 친구에게 먼저 인사하기', '쉬는 시간에 친구에게 뭐 하냐고 물어보기' 같이 작은 미션을 주고 하나씩 실행해보도록 합니다.

사회적 기술이 낮아 교우관계에 어려움이 있다면 선생님에게 적극적으로 도움을 요청하는 것이 좋습니다. 학교생활에서 선생님들이 가장 신경 쓰는 부분이 바로 교우관계이기 때문에 이미 아이의 상황을 인지하고 있을 확률이 높습니다. 선생님이 객관적으로 보는 교실 상황이 어떤지 들어본 다음에 필요한 도움을 요청해보세요. 이때 아이가 가진 특기나 흥미를 느끼는 분야 등 아이에 대한 정보를 선생님에게 알리는 것이 좋습니다. 그 정보를 토대로 수업 시간에 아이가 자신 있는 주제로 발표하도록 기회를 줄 수 있고, 상황이 된다면 아이의 성향을 고려하여 자리 배정을 할 수도 있기 때문입니다. 단, 부모님이 할 수 있는 개입은 여기까지입니다. 그다음은 아이의 몫입니다.

교우관계 문제는 간단하지 않습니다. 문제를 해결하기까지 생각보다 오랜 시간이 걸릴 수도 있어요. 부모로서 할 수 있는 최선은 조급한 마음을 내려놓고 아이에게 무한 지지와 응원을 보내며 기다려주는 일입니다.

친구와의 갈등으로 힘들어하는 아이에게 뭐라고 말해주면 좋을까요?

· 엄마(아빠)도 어렸을 때 친구 문제로 힘들었단다.

· 엄마랑 아빠는 언제나 네 편이야. 언제든 네가 도움을 청할 때 기꺼이 도와줄게.

· 꼭 친구들 무리에 속해 있을 필요는 없어. 친구와의 관계가 너무 힘들다면 잠시 친구와 거리를 둬도 괜찮아.

· 친구도 소중하지만, 무엇보다도 소중한 건 너 자신이야. 너 자신 을 더 아끼고 사랑해줘야 해.

친구의 무리한 부탁을 거절하지 못해 힘들어하는 아이, 어떻게 도와줘야 할까요?

아이마다 기질이 다른 만큼 우리 아이가 친구의 부탁을 거절하거 나 싫은 소리를 하는 것이 다른 아이들보다 힘들다는 것을 인정 해줄 필요가 있습니다. 조금씩 연습하며 할 말을 하는 횟수를 차 차 늘려보세요. 실제 상황에서 입이 잘 떨어지지 않는다면 가정에 서 비슷한 상황을 설정해 연습하는 것도 좋은 방법입니다. 처음엔 가상의 상황에서조차 자신의 감정을 솔직하게 드러내는 것을 어 려워할 수 있어요. 그러나 꾸준히 연습하다 보면 친구에게 자신이 느낀 불편한 감정을 숨김없이 표현하고, 무리한 부탁도 지혜롭게 거절할 수 있게 됩니다.

우리 아이의 원만한 교우관계를 돕기 위해 필요한 것은 무엇인가요?

감정을 조절하는 연습이 필요해요.

아이의 감정을 구체적으로 읽어주세요. 그리고 아이가 느끼는 다양한 감정을 스스로 인식하고 자신의 언어로 표현할 수 있도록 도와주세요. "지금 네 마음은 어때?" 같은 간단한 질문을 던져서 아이가 자신의 감정을 들여다보도록 합니다. 쉽게 울컥하거나 분노를 잘 다스리지 못하는 아이라면 마음속으로 10초 세기, 운동하기, 낙서하기, 음악 듣기, 화나는 감정을 글로 쓰기 등 허용할 수 있는 범위 안에서 스스로 감정을 다스리는 법을 배우게 해주세요.

상대방의 입장에서 생각하고 존중하는 태도를 길러주세요.

공감 능력을 길러주어야 해요. 역할놀이를 하거나 책을 읽고 난 뒤 주인공이 어떤 마음일지 알아보는 활동을 통해 다른 사람의 감정을 느껴보게 합니다. 입장을 바꿔 생각하는 연습을 하면 친구의 생각이나 감정을 이해하기 쉽습니다.

무조건 져주기만 해서는 안 돼요.

아이들에게는 건강한 좌절 경험이 꼭 필요해요. 가정에서 부모님이 무조건 져주기만 한 아이는 친구와의 놀이에서 지는 것을 참지 못합니다. 반드시 다툼이 일어나지요. 규칙을 무시하고 무작정 떼를 쓰거나 속임수를 써서라도 이기려고 듭니다. 또 승부가 나는 게임은 아예 하려고 들지 않을 때도 있어요. 아이들은 놀이를 통해 자연스럽게 규칙을 지키는 법을 배웁니다. 아이가 게임에 져서 속상해한다면 아쉽고 실망스러운 마음을 공감해주고 위로해주는 것만으로 충분합니다.

혼자 할 수 있는 일은 스스로 하도록 격려해주세요.

초등학생이면 자신의 몫을 할 수 있어야 해요. 책가방도 스스로 들고, 먹고 난 식판도 치울 줄 알아야 합니다. 아이의 자율성을 길러주기 위해선 어렸을 때부터 집안일을 함께 하는 것이 좋습니다. 집안일은 엄마 혼자서 하는 일이 아니라 가정 구성원들끼리 나눠서 해야 하는 일이라는 걸 알려주세요.

함께 할 때 행복한 경험을 만들어주세요.

가족이나 친척끼리 여행을 가거나 친구들과 신나게 노는 경험을 많이 만들어주세요. 행복한 순간을 사진과 영상으로 찍어두는 것도 좋아요. 사람들과 어울리는 즐거움을 아는 아이가 친구들과도 잘 지내려고 노력합니다.

아이를 믿고 지지해주세요.

아이들은 생각보다 강해요. 갈등도 좌절도 스스로 잘 이겨낼 거라고 믿고 지지해주세요. 특히 친구 사이의 갈등은 부모님이 직접 해결해줄 수 없는 문제입니다. 아이가 친구 문제를 잘 풀어나갈 수 있도록 돕고, 관심과 사랑으로 아이를 지켜봐 주세요.

긍정적인 '부모-자녀' 관계를 맺어야 해요.

부모님과의 관계가 아이가 다른 사람과 관계를 맺는 데 본보기가 됩니다. 평소 집에서 부모님과 나누는 대화, 가정에서 갈등을 해결하는 방식이 아이의 기준이 되기 때문입니다.

2장

빛이 나는 아이들의
슬기로운 학교생활

실패에 넘어지는 아이 vs. 실패에서 배우는 아이

5학년 담임을 맡았을 때, 우리 반에 현민이라는 아이가 있었다. 현민이는 조용하고 내성적이었지만 보면 볼수록 단단한 내공이 있는 아이였다. 과학을 좋아하는 현민이는 교내 과학대회에서 늘 상위권을 휩쓸었다.

현민이가 학교 대표로 교육청 대회에 나가기로 한 날이었다. 그날따라 현민이의 몸 상태가 매우 좋지 않았다. 나도 부모님도 집에서 쉬라고 권했지만, 현민이는 대회에 나가겠다는 의지를 꺾지 않았다. 현민이는 당연히 대회에 집중할 수 없었다. 좋지 않은 몸 상태 때문에 평소에 닦은 기량의 절반도 발휘하지 못하고 미완성 작품을 냈다. 6개월 넘게 노력한 일이 수포로 돌아간 것이다.

열심히 준비한 만큼 실망도 컸다. 며칠 풀죽어 지내던 현민이는 다행히 얼마 지나지 않아 밝은 모습을 되찾았다.

"선생님, 제 실력을 못 보여줘서 속상하긴 한데요. 상을 못 받았다고 제 실력이 없어지는 건 아니잖아요. 컨디션 관리를 잘해서 다시 도전할래요."

현민이는 금세 실패를 극복했다. 안정적인 자존감을 지녔기에 자신을 원망하지 않고 다시 자신을 믿어준 것이다. 1년 뒤 현민이는 6학년 대표로 나간 교육청 대회에서 우수한 성적을 거두었다. 이런 현민이와 달리 실수를 실패로 받아들여 도전하기를 포기하는 아이도 있다. 서윤이가 그랬다.

6학년 서윤이는 3년 전 수행평가에서 무용복을 밟고 넘어진 일로 사람들 앞에 나서는 것에 트라우마를 갖게 되었다. 수업 시간에 발표 정도는 괜찮았지만, 예술 영역의 표현활동에 참여하는 법이 없었다. 아이들과 학예회를 준비하며 서윤이도 참여할 것을 권했다. 선생님과 친구들이 물심양면으로 도와주기로 했더니, 서윤이도 용기를 냈다. 그러나 연습을 시작하자마자 문제가 생겼다. 실수했던 기억이 떠올라서인지 아무것도 못 하고 겁에 질려 가만히 서 있기만 했던 것이다. 괜찮다고, 천천히 하면 된다고 계속 용기를 불어넣어 줬지만, 서윤이는 좀처럼 두려움을 떨쳐내지 못했다. 여러 번 울고, 다시 도전하는 일이 반복됐다. 이 과정에서 스트레스가 심했는지 밤마다 무대에서 실수하는 악몽을 꾼다고 했다. 결국 서윤이는 무대에 서는 것을 포기했다

서윤이는 원래 자기 검열과 완벽주의 성향이 강했다. 기준을 높이 두고, 그 기준에 도달하지 못하면 스스로를 질책했다. 그런 서윤이에게 실패는 넘을 수 없는 커다란 산이었다. 실수했던 자신을 조금만 용납할 수 있었더라면 결과는 달랐을 것이다.

'실패'와 '실수'라는 자양분

교실 속 아이들은 모두 열심히 자라는 중이다. 누구 하나 빠짐없이 자신의 속도대로 자라고 도약하고 있다. 무언가를 배우고 성장한다는 것은 늘 그렇듯 시행착오와 아픔을 동반한다. 그런데 이 과정에서 겪을 수밖에 없는 실수와 실패에 유달리 약한 아이들이 있다.

크게 두 가지 유형으로 나뉘는데 첫 번째는 실수할까 봐, 그것이 나에게 실패가 될까 봐 두려워 아예 시작조차 하지 않는 아이들이다. 도전을 피하는 아이들은 대체로 실패에 대해 좋지 않은

기억이 있다. 초등학생이 좌절할 만큼 실패를 겪을 일이 뭐가 있을까 싶지만, 이제 막 입학한 아이들에게는 학교에서 겪는 모든 일이 새로운 도전이다. 방과 후 교실을 잘못 찾거나, 우유팩을 뜯다가 교실 바닥에 쏟거나, 수업 시간에 용기를 내서 발표했는데 틀린 답을 말할 수도 있다. '학교'라는 낯선 공간에서 처음 해보는 일이 많기 때문에 당연히 실수와 실패도 많을 수밖에 없다.

굳이 '실수'와 '실패'라는 단어를 썼지만, 사실 이런 일들은 아이가 단단하게 자라기 위한 과정 중 하나이다. 해봐야 늘고, 배우고, 익힐 수 있다. 문제는 부모의 조급한 태도에 있다. 아이가 넘어지고 스스로 일어나는 것을 기다려주지 못하고 모든 장애물을 치워버릴 때, 아이는 실수와 실패에서 배울 기회를 잃어버린다. 실패에 대한 내성도, 좌절을 딛고 다시 일어날 용기도 기를 수 없다.

도서관에서 열린 학부모 강연 중에 한 분이 손을 들고 이런 질문을 하신 적이 있다.

"선생님, 저희 아이가 준비물을 정말 못 챙겨요. 워낙 깜빡쟁이라 제가 안 챙겨주면 매번 빼먹고 선생님께 혼나더라고요. 애가 혼날 것을 뻔히 알면서도 안 챙겨줄 수가 있나요? 아이가 스스로 할 수 있게 둬야 한다지만, 솔직히 말처럼 쉽지 않아요."

그분께 아이가 몇 살이냐고 물었다. 저학년이거나 커봤자 중학년일 거라 생각한 내 예상이 보기 좋게 빗나갔다.

"6학년이요."

아이 혼자 준비물을 챙기려는 마음 자체가 없어 보인다는 그분의 말씀을 듣고 가슴이 참 답답했다. 엄마는 아이가 혼나면서, 실수하면서 배워나갈 기회를 본의 아니게 치워버린 것이다. 아이가 혼나지 않고 학교생활을 잘하길 바라는 마음에서 책가방과 준비물을 챙겨준 행동이 오히려 독이 된 것이 틀림없었다.

교사이기 전에 부모이기에 아이가 상처받을 일을 최대한 줄여주고 싶은 마음은 충분히 이해한다. 하지만 혼자 힘으로 해본 경험이 없는 아이는, 결국 그 자리에 머물 뿐이다. 넘어지고, 실수하고, 부딪혀봐야 자기 자신에 대한 '데이터베이스'가 쌓인다. 그 데이터를 토대로 '난 이런 것은 잘하고, 이 부분이 부족해. 앞으로 부족한 부분을 보충하자', '의지만으로는 결과가 안 좋을 때가 많으니 환경 세팅에 힘쓰자'와 같은 결론을 내릴 수 있다.

초등학교는 이렇게 아이가 자신에 대한 데이터베이스를 최대한 많이 쌓아가는 시기이자, 인생에서 가장 '안전한 실패'를 겪을 최적의 시기다. 그러니 부모라는 든든한 울타리 안에 있을 때 이것저것 도전해보게 하는 것이 좋다.

두 번째 유형은 실수와 실패에서 아무것도 배우지 못하고 그 자리에 머물러 있는, 아니 오히려 퇴보하는 아이들이다. 넘어진 아이에게 왜 그것밖에 못 하느냐고 다그치거나 실패를 너그럽게 받아들이지 못하고 더 강하게 밀어붙일 때 아이들은 자존감에 큰 상처를 입는다. 자존감이 낮아지면 능력도 퇴보한다.

6학년 민호는 일명 대치동 키즈로 좋은 집안 환경에서 자라온 영특한 아이였다. 몇 년이나 앞선 선행공부를 어려워하지도 싫어하지도 않았다. 교사가 봐도 공부가 적성에 맞는 아이처럼 보였다. 여름방학을 며칠 앞두고, 민호는 학원 레벨 테스트에서 처음으로 낮은 점수를 받았다. 생각지도 못한 결과에 민호도 부모님도 적잖이 당황했다. 어머님은 예체능 학원을 정리하고, 과외를 조금 더 붙였다. 자유 시간을 줄이고, 선행공부를 좀 더 타이트하게 관리하는 쪽으로 가닥을 잡았다. 부모님이 민호를 사랑하지 않는 것은 아니었다. 지나치게 통제적이고 쌀쌀맞은 부모도 아니었다. 그러나 민호는 부모님에게 나의 '실패가 용납되지 않는다'는 것을 은연중에 느꼈을 것이다. 2학기를 보내며 민호는 교실을 이탈해 복도나 운동장에 나가는 경우가 잦아졌다. 하교 후 학원을 빼먹기 일쑤였고, 집에 들어가는 시간도 점점 늦어졌다. 결국 민호 어머님이 학교를 찾아오셨다. 민호는 다섯 살 이후 처음으로 모든 학원을 끊었다. 그 뒤로 민호가 바로 좋아진 것은 아니었다. '최선의 나'만이 용납된다는 생각에서 벗어나기란 참 쉽지 않았다.

누군가는 이런 사례가 극단적이고 지엽적이라고 말할 수도 있다. 하지만 교실에서 서윤이와 민호 같은 아이들은 꽤 자주 목격된다. 도전하기를 피하는 아이, 좌절을 자기 힘으로 뚫고 나가지 못하는 아이들 말이다. 이와 달리 또 어떤 아이들은 도전 ⇨ 도약 ⇨ 성장의 세 단계 코스를 차곡차곡 밟으며 단단한 내공을 쌓고 그릇이 커진다. 실패를 교훈 삼아 다시 도전하고 성공했던 데이터베이스가 쌓여가며 꿈을 키워나간다.

초등학교 입학은 부모 품 안에 머물던 아이가 더 넓은 세상으로 나가는 출발점이자 부모의 영향력이 미치지 않는 미지의 세계로 나가는 관문이라고 할 수 있다. 그만큼 우리 아이가 스스로 할 수 있는 일이 많아졌다는 의미이기도 하다. 조금 못 미더운 구석이 있어도 여유를 갖고 아이를 지켜봐 주자. 부모가 믿고 지지해 줄 때 아이는 내실이 단단한 사람으로 자란다.

우리 아이, 집에서는 안 그러는데요?

상담 시간에 만나는 많은 학부모님이 이렇게 말씀하신다.

"어머머, 우리 아이가 그래요? 집에서는 안 그러는데…"

목소리에 당황한 기색이 역력하다.

반응도 두 가지로 나뉜다. "우리 애한테 그런 면이 있었군요." 하고 고개를 끄덕이며 인정하는 쪽과, "이상하네요. 집에서는 안 그러는데, 왜 그럴까요?" 하고 반문하는 쪽이다. 후자의 경우 교사도 하고 싶은 말을 상당 부분 생략할 수밖에 없다.

반대의 경우도 있다. "집에서 새는 바가지가 밖에서는 안 샐까요?" 하시지만, 이런 걱정이 무색하게 밖에서는 잘 행동하는 아이들 말이다. 결론부터 말하면 어느 쪽이든 놀랄 필요는 없다.

아이들이 사회적이고 공적인 영역인 교실에서 집과 다른 태도를 보이는 것은 당연하다. 짐작도 못 했던 내 아이의 낯선 모습을 알게 됐을 때, 어떻게 반응하는 것이 좋을까?

낯선 모습도 내 아이의 일부

첫째, 아이가 집에서와 다른 모습을 보이는 것은 자연스러운 일임을 받아들여야 한다. 직장과 집에서의 모습이 완전히 똑같은 사람이 존재하는가? 부모인 나는 그런가? 아이도 부모님의 따뜻한 품을 떠나 첫 사회생활을 시작한 것이다(물론 교실은 진짜 사회보다 훨씬 더 따뜻하고 질서 있는 곳이긴 하지만). 학교생활을 통해 아이는 '사회적 민감성'이 성숙해가며 각자의 자리에서 자신에게 요구되는 것이 무엇인지 알게 된다. 어떻게 말하고 행동해야 하는지 깨닫게 되는 것이다. 그렇기에 집과 학교에서의 모습이 다를 수 있다. 훨씬 책임감 있게 행동할 수도 있고, 말 한마디 못 하고 얼어있을 수도 있다. 이런 차이는 고학년으로 갈수록 아이가 조용하든 활발하든 할 것 없이 어느 부모나 겪는 일이다.

둘째, 부모가 알지 못하는 부분 역시 아이의 일부분이라는 사실을 인정해야 한다. 상담 중에 미처 파악하지 못했던 아이의 낯선 모습을 듣고, 간혹 방어적인 태도를 보이는 분들이 있다. 몰랐다고 해서 그것이 엄마로서 아이에게 관심 없다는 척도나 평가가 되는 것은 아니다. 엄마인 나도 모르는 부분이 있을 수 있다며 인정하는 태도가 필요하다.

6학년 담임을 맡았을 때의 일이다. 우리 반에 진우라는 아이가 있었다. 진우네 집은 어릴 때부터 성性과 관련한 양질의 책과 영상을 아이와 공유하고, 진지한 대화를 나누는 개방적인 분위기였다. 그래서인지 진우네 부모님은 성교육에 있어서만큼은 자부심이 대단했다. 진우 역시 평소 행실이 바르고, 부모님 말씀을 잘 따르는 모범생이었다. 그런데 청소년 캠프에서 사고가 터졌다. 남자아이들이 단체로 음란 행동을 하다가 적발된 것이다. 조사 끝에 부모님께 철저한 성교육을 받아온 진우가 주도적으로 일을 벌였다는 사실이 드러났다. 진우 부모님은 큰 충격을 받으셨다. 다른 건 몰라도 성교육 하나만큼은 잘 해왔다고 생각했는데, 믿는 도끼에 발등 찍히는 기분이라며 낙담하셨다.

아이는 커가는 과정에 있다. 양육과 교육의 결과는 지금 당장 나타나는 게 아니다. 무엇보다 아이는 독립적이고 주체적인 존재기에 부모의 예상을 벗어나는 일이 비일비재하다. 특히 초등학교 때는 몸도 마음도 역동적으로 성장하는 시기다. 부모의 품에 머무는 작은 아기가 아니라 어엿한 한 인간으로 성장하는 과정에 있으므로 친구관계나 학교에서 보이는 태도 등 아이의 모든 것을 파악할 수 없다는 사실을 인정해야 한다. 생소한 모습에 필요 이상으로 놀라거나 충격적인 반응을 보이는 것은 아이에게 도움이 되지 않는다. 다행히 진우 부모님은 성숙하게 대처하셨다. 처음에는 많이 놀라셨지만, 곧 그 사실을 받아들였다. 그리고 진우와 계속 소통하면서 자기 잘못을 인정하고, 이를 고쳐나갈 수 있게 옆에서 도움을 주었다.

학부모가 되면서 불안감이 커지는 이유는 아이의 모든 것을 파악할 수 없고, 부모로서 관여할 수 없는 영역이 점차 늘어나기 때문일 것이다. 그 불안감을 낮출 수 있는 가장 좋은 방법은 교사를 신뢰하는 것이다. 담임교사야말로 부모가 알지 못하는 우리 아이의 교실 속 모습을 객관적으로 전해줄 수 있는 유일한 사람이다. 우리 아이의 평가자이기 전에 함께 아이를 키우는 육아 동반자이기도 하다. 학부모가 마음의 문을 열고 교사를 신뢰할 때 세상 누구보다 든든한 지원군을 만날 수 있다.

엄친아, 엄친딸은 실제로 존재한다

그는 시험을 쳤다 하면 올백을 맞고, 우수한 신체조건으로 체육 시간이면 날아다니며, 미술과 음악 등 예술에도 조예가 깊다. 부드럽고 따뜻한 성품을 지닌 데다가 타고난 리더십도 가지고 있다. 준수한 외모에 겸손함까지 겸비한 모범생으로 소문이 자자한 그의 정체는 바로 엄마 친구 아들!

우리가 흔히 말하는 '엄친아', '엄친딸'은 실제로 존재할까? 그렇다. 5학년 담임을 맡았을 때 만난 민선이가 그런 아이였다. 학급회장이었던 민선이는 다른 친구를 배려하고, 모둠활동 시 협력해서 문제를 해결할 줄 알았다. 궂은일을 도맡아 하고, 항상 솔선

수범을 보여 학급 친구들이 민선이를 믿고 따랐다. 수업 시간에 집중하는 학구파에다 책임감도 강해 담임으로서 참 의지가 되었다. 한마디로 자존감, 인성, 협동심, 리더십, 자기주도학습력 등 모든 면에서 뛰어난 아이였다.

같은 학급에는 여러 방면으로 조금 느린 세은이가 있었다. 아이들은 이해력과 신체활동 능력이 또래보다 떨어지는 세은이와 모둠활동이나 짝활동을 하고 싶어 하지 않았다. 세은이의 느린 속도가 답답했기 때문이었다. 하루는 짝활동이 필요한 체육 시간에 임의로 짝을 지어주지 않고, 가만히 상황을 지켜본 적이 있다. 아이들의 행동을 관찰하기 위해서였다. 그런데 민선이가 망설임 없이 세은이에게 먼저 다가가 짝을 하자고 제안하는 것이 아닌가. 수업이 끝나고 민선이를 불러 물어보았다.

"민선아, 왜 세은이랑 짝을 하자고 했어?"

"음… 세은이가 짝이 없어서 곤란할까 봐요. 그리고 마지막까지 짝이 정해지지 않으면 우리 반 전체가 체육 수업을 못 할 수도 있잖아요."

민선이는 짝이 없어 민망할 세은이를 배려했을 뿐만 아니라 우리 반 전체의 체육 수업까지 생각했다. 그렇게 민선이가 세은이를 챙기고 배려하는 모습을 1년 내내 볼 수 있었다. 민선이의 이런 모습이 다른 아이들에게도 영향을 주어 세은이와 모둠활동이나 짝활동을 할 때도 불만을 표시하지 않고, 세은이를 배려하는 모습을 보여주었다. 민선이의 행동이 학급 전체에 긍정적인 영향을 준 것이다.

열정과 결합된 끈기, 그릿

2016년 출간 즉시 아마존 베스트셀러에 등극하고, 무려 165주 동안 판매 1위를 차지한 책이 있다. 바로 《GRIT》이다. 그릿grit은 포기하지 않고 노력하는 힘이며, 역경과 실패 앞에서 좌절하지 않고 끈질기게 견딜 수 있는 마음의 근력을 의미한다. 이 책의 저자 앤젤라 더크워스Angela Duckworth는 분야에 상관없이 크게 성공한 사람들은 두 가지 특성이 있다고 밝혔다. 그들은 대단히 회복성이 강하고 근면했으며, 자신이 원하는 바가 무엇인지 깊이 이해하고 있었다고 한다. 한마디로 성공한 사람들에겐 열정과 결합된 끈기, 즉 그릿이 있었다는 것이다.

이 책이 그토록 사람들에게 큰 반향을 불러일으킨 이유는 무엇일까? 누구나 중요하다는 것은 알지만 별로 주목하지 않았던 열정, 끈기, 노력의 가치를 과학적으로 증명하며 다시 한번 그 중요성을 상기시켰기 때문이다. 저자는 고등학교에서 수학을 가르쳤을 때 수학 머리가 있는 아이들의 일부가 그다지 좋은 성적을 거두지 못하고, 높은 학업 성적을 거두는 학생 중 상당수가 사회 통념상 이해력이 좋지 않은(머리가 딱히 좋지 않은) 아이들인 것에 의문을 품고 심리학을 공부하기에 이른다.

실제 학교 현장에서는 이런 사례를 어렵지 않게 관찰할 수 있다. 민선이는 영재성이 있거나 뛰어나게 머리가 좋은 아이는 아니었지만, 수업 시간이면 항상 눈을 반짝이며 열심히 수업을 듣는 성실한 아이였다. 잘 이해가 안 가거나 어려운 부분이 있으면 선생님들을 찾아와 꼭 묻곤 했다. 민선이의 복습 노트는 교사가 봐도 감탄이 나와 사진을 찍어 보관할 정도였다. 상담 때 만난 어머님은 민선이가 일기와 복습 노트를 작성하느라 너무 많은 시간을 할애한다며 조금 대충해도 된다고 말해달라고 부탁하실 정도였다. 이렇게 매일 꾸준히 노력하는 민선이의 성적이 좋은 것은 당연했다. 중학교, 고등학교에 가서도 계속 좋은 성적을 거두고 있다는 소식을 전해 들었다.

앤젤라 더크워스는 열정의 원천 중 하나는 흥미와 목적이며,

또 다른 하나는 타인의 행복에 기여하겠다는 의도라고 했다. 그릿의 기초가 되는 동기가 바로 이타성이라는 것이다. 그릿이 높은 사람들은 의미 있고 이타적인 삶을 추구하는 동기가 다른 사람들보다 강한 것으로 나타났다. 세은이와 학급 전체를 배려하던 민선이의 모습이 이해되는 부분이다.

"요즘은 전교 1등이 운동도 잘하고, 피아노도 잘 치고, 성격도 좋고, 친구도 많아요." 고등학생 자녀를 둔 학부모님께 들은 말이다. "영어도 잘하고, 축구도 잘하고, 성격도 좋고. 정말 다 가진 애가 있더라고요." 초등학교 1학년 학부모님께 들은 말이다. 이렇듯 모든 걸 다 가진 '엄친아', '엄친딸'은 실제로 존재한다. 이 아이들은 대체 뭐가 특별한 걸까? 명석한 머리와 바른 성품을 운 좋게 타고난 걸까? 물론 유전적 요인을 아예 무시할 수는 없다. 그러나 진짜 '엄친아', '엄친딸'은 타고난 지능지수, 재능, 환경을 뛰어넘는 열정적 끈기의 힘, 즉 그릿을 가진 아이들이다.

학교는 그릿을 기를 수 있는 최고의 장소

교실에서는 하루에도 몇 번씩 아이들에게 크고 작은 과업이 주어진다. 초등학교 5학년의 하루를 살펴보자.

시간	과목	과업
아침 시간		조용히 자리에 앉아 책 읽기
1교시	국어	《베니스의 상인 요약하기》(온책읽기)
쉬는 시간		화장실 다녀오기, 우유 마시기, 다음 시간 교과서 준비하기
2교시	수학	1kg보다 더 큰 단위 알아보기, 수학익힘책 풀기
중간놀이 시간		친구들과 의견을 조율하며 신나게 놀기
3교시	사회	'고려 문화의 발전' 자료 만들기(모둠활동)
4교시	사회	모둠별 발표하기
점심시간		골고루 밥 먹고 1인 1역할 하기
5교시	체육	공 주고받기 놀이하기(짝활동)
6교시	영어	'What's wrong?' 일어난 사건에 대해 묻고 답하기

등교한 순간부터 아이들은 친구들과 떠들고 싶은 마음을 참고 정해진 아침 활동을 해야 한다. 보통 아침에는 독서 시간을 운영하는 학급이 많은데 그것부터가 아이들에게는 과업인 셈이다.

하고 싶은 것을 참고 학교에서 지켜야 할 규칙들을 지키며 생활하는 것, 수업 시간마다 주어지는 과업들을 끝까지 완수하는 것, 짝·모둠·학급 활동을 하며 다른 사람과 협력하고 공동의 목표를 이루어내는 것, 다양한 활동을 경험해보고 나의 흥미와 적성을 알아가는 것, 부모님의 도움 없이 삶을 주체적으로 살아가는 연습을 하는 것, 실패를 경험하고 다시 일어나는 법을 배우는 것 등등. 아이들은 학교에서 이 모든 것을 온몸으로 부딪치며 배운다. 그러니 무사히 학교를 잘 다녀온 아이를 무한 칭찬해주자. 오늘도 아이는 내 안의 그릿을 기르기 위해 부단히 노력했으니까.

불변의 진리 콩콩팔팔, 부모와 아이가 닮는 이유

아이를 낳고 보면 어쩜 이렇게 부모의 얼굴을 빼다 박았는지 참 신기하다. 아빠를 닮았는가 싶으면 엄마의 얼굴이 보이고, 엄마를 닮았는가 싶으면 아빠의 얼굴이 보인다. 아빠와 다니면 아빠 판박이, 엄마와 다니면 엄마 판박이라고 다들 이야기한다. 이 신비한 유전자의 힘이라니! 그래서 학부모님들을 만나면 얼굴만 봐도 누구 부모님인지 바로 알 수 있다.

"안녕하세요! 예은이 어머님이시지요?"

부모님 얼굴에 아이 이름이 쓰여 있기 때문이다. 웃는 모습과 말투까지 '아, 예은이가 자라면 이렇게 되겠구나.'라는 생각이 들 정도로 닮았다.

외모, 성격뿐 아니라 말투까지 판박이

아이들은 얼굴뿐 아니라 성격, 지능도 부모를 많이 닮는다. 환경의 영향도 크지만, 그 환경도 결국 부모가 만들어주는 것이기에 부모가 아이에게 미치는 영향은 절대적이라 할 수 있다.

예은이는 친구들 사이에서 인기가 많았다. 항상 고운 말투를 쓰는 데다가 성격이 온순하여 친구들과 무난하게 잘 어울렸다. 친구들이 꺼리는 일에도 앞장서서 지원하고 발표할 때도 적극적으로 나섰다. 누구를 닮아서 저렇게 야무지고 차분할까 궁금하던 차에 학부모총회에 온 예은이 어머님을 만났다. 서글한 눈매에 활짝 웃는 모습이 예은이의 모습과 겹쳐 보였다.

학부모총회에는 교사와 학부모가 모두 난처해하는 학급대표 선출이 있다. 다들 망설이며 서로의 눈치를 보느라 교실에 적막이 흐르고 있을 때, 예은이 어머님이 손을 드셨다.

"하실 분이 없으시면 다들 바쁘시니 제가 해도 될까요?"

사실 일이 많든 적든 학교에서 어떤 역할을 맡는다는 것은 부담일 수밖에 없다. 그런데 모두 난처해하는 것을 보고 선뜻 도와주겠다고 나서주시니, 담임인 나도 그렇고 다른 부모님들도 고마운 마음뿐이었다. 게다가 학기 내내 보여주신 정중한 태도나 담임교사와 따뜻하게 소통하는 모습에서 예은이가 누굴 닮았는지 알 수 있었다.

나의 시선은 곧 내 아이가 세상을 보는 시선

아이는 부모의 생각이나 가치관, 삶의 태도에 대단히 많은 영향을 받는다. 매일 보고 듣는 부모의 말과 행동이 아이가 세상을 바라보는 시선에 영향을 주는 것은 당연하다.

학교에서 가르치려고 의도하지 않았으나 물리적 조건, 제도, 사회심리적 상황 등을 통해 학생들이 은연중에 배우게 되는 경험의 총체를 잠재적 교육과정이라고 한다. 아이들은 계획된 교육과정보다 잠재적 교육과정에 더 많은 영향을 받는다.

부모와의 관계에서도 마찬가지다. 아이들은 안다, 엄마 아빠가 원하는 것이 무엇인지를. 입으로는 "괜찮아. 다음에 잘하면 되지."라고 말하지만, 흔들리는 엄마의 눈동자에서 진짜 속마음을 읽는다. '머레이비언의 법칙Mehrabian's law'에 따르면 언어적 요소보다 목소리, 음색, 표정 같은 비언어적 요소가 의사소통의 93퍼센트를 차지한다고 한다. 비언어적 요소로 전달하는 메시지가 아이에게 지대한 영향을 주는 것이다.

예전에 EBS 다큐프라임에서 아이들을 세 그룹으로 나누고 다음과 같은 실험을 한 적이 있다. A그룹에는 인형을 때리고 밟고 괴롭히는 영상을 보여주었고, B그룹에는 인형을 신경 쓰지 않고 무관심하게 행동하는 영상을 보여주었고, 마지막 C그룹 아이들에게는 인형을 쓰다듬고 껴안으며 소중히 대하는 모습을 보여주었다. 그런 다음 영상에 나왔던 방에 아이들을 들여보냈다. 아이들은 어떻게 행동했을까?

A그룹 아이들은 영상에서 본 것처럼 인형을 때리고 괴롭히며 놀았고, B그룹 아이들은 인형에 전혀 관심을 두지 않았다. 그리고 C그룹 아이들은 인형을 껴안고 쓰다듬으며 놀았다. 이렇듯 아이들은 자기가 본 것을 그대로 모델링한다. 어른도 주변 사람들의 영향을 많이 받는데 아이들은 오죽하겠는가.

이따금 집에서 부모님이 하는 말을 듣고, 학교에 와서 마치 자기 생각처럼 말하는 아이들이 있다. 왜 그렇게 생각했냐고 물으면 "몰라요. 부모님이 그랬어요."라고 대답한다. 아이들에게 부모란 절대적인 존재이다. 엄마 아빠가 무심코 내뱉는 말들도 아이에겐 켜켜이 쌓인다. 따라서 아이들에게 어떤 모습을 보여줄 것인지, 어떤 시선을 물려줄 것인지 고민하는 일은 굉장히 중요하다.

부모가 색안경을 끼고 세상을 바라보면 아이 역시 선입견에 얽매여 세상을 바라본다. 많은 부모가 아이를 낳고 더 좋은 사람이 되기 위해 애쓰는 이유도 여기에 있다. 학교 선생님을 보는 시선도 마찬가지다.

　　부모가 완벽하지 않듯이 선생님도 완벽할 수 없다. 사람은 살면서 누구나 실수를 한다. 그런데 간혹 선생님이 저지른 실수나 부족한 면을 꼬집어서 아이 앞에서 계속 이야기하시는 분들이 있다. 그런 부모를 지켜본 아이는 어떤 시선으로 선생님을 바라볼까? 또 어떤 마음으로 학교생활을 해나갈까? 아이들은 듣지 않는 것 같지만 다 듣고 있고, 모르는 것 같지만 다 알고 있다. 한마디로 말해 부모님이 선생님을 대하는 태도가 아이의 학교생활 만족도를 결정한다고 해도 과언이 아니다.

　　한 사람의 교사이자 엄마로서 우리 아이들이 선생님을 신뢰하고 즐거운 마음으로 학교생활을 하길 바란다. 아이가 선생님을 신뢰하고 좋아하면 후광효과로 인해 배우는 것이 많아지고 학교생활도 더 행복해질 것이다.

예민한 아이의 학교생활이 걱정되시나요?

"선생님, 저희 아이가 많이 예민한 편이에요. 어린이집, 유치원을 다닐 때도 적응에 어려움이 있었습니다. 선생님의 따뜻한 관심과 지도 부탁드립니다."

학년 초 학부모님께 아동에 관한 기초 조사서를 보냈을 때 이런 고민이 담긴 답글을 종종 받는다. 특히 1학년일 경우 짧은 글 속에서도 아이가 학교에 잘 적응해나갈지 노심초사하는 마음이 고스란히 느껴진다.

예민한 아이를 키우는 부모는 초등학교 입학일이 다가올수록 걱정이 많아진다. 어린이집이나 유치원을 다니면서 기관에 적응하는 과정이 순탄치 않음을 이미 경험했기 때문이다. 학교라는 낯선 공간에 발을 내딛는 것이 두렵고 무서운 아이들 못지않게 부모도 불안하고 초조한 마음으로 아이의 학교 적응기를 지켜본다.

예민한 아이가 학교에 적응하기 쉽지 않은 것은 사실이다. 무던한 성격의 아이들도 새로운 환경에 적응하기까지 고생하는데 여러 자극에 취약한 '예민이'들은 얼마나 힘들겠는가! 예민한 아이들에게 학교란 그야말로 자극 덩어리다. 게다가 학교는 유치원보다 규모가 크고, 학급당 인원수도 많다.

요즘은 부모 세대와 달리 학습자 중심의 교육과정을 운영하기에 학습 부담이 크지 않지만, 정해진 공간 속에서 작은 책걸상에 앉아 처음 보는 친구들과 부대껴 생활하다 보면 예민이들의 긴장도는 한없이 높아진다. 그래서 처음 한두 달은 가정에서 스트레스를 많이 표출하고, 등교 거부를 하기도 한다. 하지만 대부분 길어야 석 달이다. 심각한 문제가 있지 않은 한 예민이들도 석 달이면 학교에 적응하고 학교 가는 나름의 재미를 찾는다. 다만, 이렇게 적응하기까지 가정에서 부모님들이 노력해야 할 것들이 있다.

예민한 우리 아이, 선생님께 말씀드려도 될까요?

우리 집 첫째 아이가 초등학교에 입학했을 때의 일이다. 첫째는 예민하지만 호기심이 많은 아이라서 입학하고 첫 달은 호기심에 이끌려 학교생활을 무리 없이 해나가는 듯 보였다. 그렇게 한 달이 지났을까? 월요일 등교를 앞둔 일요일 밤, 잠자리에서 갑자기 아이가 학교에 가기 싫다고 울음을 터뜨렸다.

'올 것이 왔구나! 그래, 이렇게 그냥 지나갈 리가 없지!'

어느 정도 예상은 했지만, 막상 아이가 등교 거부를 하니 막막한 심정이었다. 아이 앞에서 내색은 안 했지만, 그날 밤 잠을 이루지 못했다.

아이는 학교가 너무 힘들다고 했다. 아이의 이야기를 자세히 들어보니 별다른 사건이 있었던 것은 아니고, 유치원과는 너무 다른 환경이 아이에게 큰 부담으로 작용하는 듯했다. 온종일 긴장한 상태로 있다 보니 체력적으로도 힘든 것 같았다. 다음 달에 1학기 학부모 상담주간이 있었지만, 시기적으로 한 달을 기다려야 했기에 바로 담임선생님께 상담을 요청했다. 입학 후 등교를 거부하는 아이를 지도할 때 초기에 개입하는 것이 아이의 학교 적응을 돕는데 효과적이기 때문이다.

아이가 울면서 학교에 가기 싫다고 했다는 말에 선생님께서는 무척 놀라셨다. 겉으로 보기엔 외향적이고 장난기도 많은 편이라 예민할 거라고는 조금도 생각하지 못하셨던 것 같다. 선생님께서는 아이가 학교에 잘 적응할 수 있도록 돕겠다고 약속하셨다.

다음 날 학교에서 돌아오는 아이를 마중 나갔는데, 아이가 환한 얼굴로 뛰어오며 이렇게 말했다. "엄마 나 오늘 세 번 행복했어. 첫 번째는 오늘 아침에 선생님이 기특하다고 칭찬해주셨고, 두 번째는 뒷자리 친구랑 같이 색종이를 접었고, 세 번째는 오늘 점심시간에 내가 좋아하는 자장면 나왔어!" 선생님의 관심과 응원으로 하루를 시작한 아이가 처음으로 긴장감 없이 편안한 하루를 보낸 것이다.

맘카페에서 가끔 아이의 특별한 기질을 선생님께 미리 말씀드리는 게 좋을지 고민하는 글을 볼 때가 있다. 댓글창에는 '선생님이 아이에게 선입견을 가질 수 있으니 웬만하면 말씀드리지 말라'는 글이 많이 달린다. 교사로서 그 댓글에 동의하지 않는 바이다.

한 학급당 서른 명 내외의 아이들이 있다. 교사 한 사람이 초기부터 아이들 한 명 한 명을 세세히 관찰하여 개개인의 특성을 파악하기란 쉽지 않다. 내 아이를 가장 잘 아는 사람은 단연코 부모님이다. 부모님이 알려주는 아이에 관한 정보는 교사가 아이를 지도하는 데 있어 중요한 팁이 된다. 또한 아이가 학교에서 겪는 어려움의 원인을 미리 파악하고, 아이의 처지에서 생각할 수 있기에 골든타임 안에서 적절한 도움을 줄 수 있다. 그뿐만 아니라 학부모가 먼저 아이의 정보를 말해주었기에 혹시 아이에게 다른 문제가 생기더라도 부모님이 열린 마음으로 받아줄 것이라는 믿음을 갖게 된다. 학부모와 교사가 아이의 성장이라는 공동의 목표를 위해 노력하는 한 팀이 되는 것이다.

예민했던 그 아이, 어디로 사라졌을까?

한 조사에 따르면 인류의 15~20퍼센트 정도가 예민한 기질의 사람이라고 한다. 초등학교 한 학급의 학생 수를 서른 명이라 본다면 약 네 명에서 여섯 명 정도가 예민한 사람인 셈이다. 기질적 요소가 행동으로 많이 드러나는 저학년일수록 예민한 아이가 누구인지 구별해내기 쉽다. 하지만 고학년으로 올라갈수록 우리 교실의 예민이가 누구일까 생각해보면 쉽게 떠오르지 않는다. 예민함을 온몸으로 뿜어내던 그 아이들은 다 어디로 갔을까?

학부모 상담에서 미처 알지 못했던 아이의 예민한 기질을 듣고 놀랐던 적이 있다. 학교생활을 하며 딱히 눈에 띄는 문제나 어려움이 없었기에 "선생님, 저희 아이가 많이 예민해서 어렸을 때 육아하기 참 힘들었어요." 내지는 "아이가 정서적으로 민감한 편이라 학교생활을 잘하는지 걱정되네요."라는 말씀이 참 뜻밖이었다. 교사의 눈에 아이의 예민함이 발견되지 않은 이유는 무엇일까? 아이는 까다롭지 않은데 부모가 아이를 예민하다고 오해하는 것일까? 아니면 갑자기 아이의 예민함이 사라져버린 것일까? 둘 다 아니다. 아이가 자라면서 자신의 예민함을 스스로 다스리고, 조절하는 능력을 키웠기 때문이다.

예민함은 기질적인 부분이라 사라지지 않는다. 하지만 아이들은 자라면서 예민함을 조절하는 능력을 키우고, 학교에서 다양한 경험을 쌓으며 사회적 기술을 익힌다. 이때 중요한 점은 아이가 자신의 예민함을 어떻게든 고쳐야만 하는 치명적인 단점이라고 여기지 않는 것이다. 일반적으로 예민함을 부정적으로 바라보는 시선이 많은데, 예민한 기질이 꼭 단점만 있는 것은 아니다. 단점만큼이나 장점도 많다.

첫째, 예민한 아이들은 사회적 민감성이 높다. 주변 사람들을 살피고 필요한 것이 무엇인지 금방 알아챈다. 가정에서는 부모님께 위로와 감사의 말을 하는 성숙함이, 학교에서는 선생님과 친구들에게 도움을 주려는 배려심이 빛난다.

둘째, 예민한 아이일수록 본능적으로 상대방의 처지에서 생각하는 법을 깨치고, 타인의 감정 변화에 민감하게 반응한다. 고학년일수록 친구들 사이에서 서로의 감정을 교류하는 능력이 중요하게 작용하므로 예민한 기질이 오히려 교우관계에 긍정적인 영향을 줄 수 있다.

셋째, 예민한 아이들은 여러 가지 자극을 놓치지 않고 받아들여서 학습적 인지 능력이 높다는 연구 결과가 있다.

넷째, 청각이 예민한 아이들은 듣기 능력이 탁월하다. 친구들의 발표를 귀 기울여 듣는다. 교사의 목소리 톤이나 말투의 변화를 민감하게 포착해 메시지에 담긴 의도를 재빨리 알아채고 이를 실행한다. 그야말로 눈치 백 단이다. 또 이런 예민함이 음악적 재능으로 표출되는 경우가 많다.

다섯째, 시각이 예민한 아이들은 관찰력이 뛰어나다. 자신이 관찰한 것을 말과 글, 여러 창작물에 섬세하게 표현하는 능력이 탁월하다.

이렇게나 많은 장점이 있지만, 우리 사회는 아직 예민함에 대해 선입견을 품고 있다. 흔히들 예민하면 까탈스럽게 행동할 거라고 생각한다. 또 예민한 아이는 내향적이고 소극적일 거라고 생각한다. 하지만 성격이 외향적이고 적극적인 아이도 예민한 기질을 지닐 수 있다.

아이가 자신의 감정을 스스로 다스리고, 조절하는 능력을 키우기 위해서는 자신의 예민함을 장점으로 받아들여야 한다. 나이가 어릴수록 자신의 기질과 성격의 장단점을 타인의 말이나 시선에 따라 판단한다. "너는 왜 매사에 그냥 넘어가는 법이 없니?", "뭘 그렇게 예민하게 굴어!"처럼 주변 사람들에게 예민함을 부정적으로 평가하는 말을 자주 들으면, 당연히 아이는 자신의 예민함을 부끄러워하고 숨기고 싶어 할 것이다. 반대로 "우와, 관찰력이 진짜 뛰어나구나! 어떻게 그런 걸 다 알게 됐어?", "다른 사람의 말에 귀를 잘 기울이는구나. 그거 정말 어려운 건데!"처럼 긍정적인 말을 듣고 자란 아이는 자신의 예민함을 자랑스럽게 여길 것이다.

'예민한 내가 자랑스럽고 참 좋아!' 이런 자기 긍정이 있는 아이는 좀 더 세밀하게 자신의 내면을 들여다보고, 학교 안팎에서 다른 사람들과 소통하며 자신의 예민함을 다스리고 조절할 줄 안다. 더 나아가 예민함을 자신만의 강점으로 승화시켜 나간다.

요즘 아이들의 도덕성

　미소는 친구의 가방에 달린 고양이 키링이 예뻐서 친구에게 달라고 졸랐지만 거절당하자 가위로 키링을 잘라버렸다. 윤우는 친구가 만든 미술 작품이 바닥에 떨어지자 모르는 척 지그시 밟고 지나갔다. 지수는 체육 시간에 게임을 하다가 반칙을 했는데, 친구들이 이를 지적하자 화를 냈다. 주호는 수업 중에 화장실에 간다고 거짓말을 하고 핸드폰 게임을 했다. 희수는 태희에게 준우의 등을 때리고 오라고 시켰다.

　교실에서는 수많은 갈등 상황이 발생한다. 아이들은 그 과정에서 해야 할 행동과 하지 말아야 할 행동이 무엇인지 배운다. 선생님과 친구들 관계를 통해 '도덕성'을 기르는 것이다.

초등 시기의 도덕성

도덕성은 자신과 타인의 행위에 대하여 선과 악, 옳고 그름을 구별하고 선행과 정의를 실천하려는 심성이다. 교육학에서 도덕성은 세 가지 영역으로 완성되는데 옳고 그름을 판단하는 인지적 영역, 옳은 것을 실천하고자 하는 마음인 정의적 영역, 그리고 그것을 직접 행동으로 옮기는 행동적 영역으로 이루어진다. 즉 어떤 행동이 옳다는 것을 알아도 그것이 실천으로 이어지지 않으면 그 사람의 도덕성은 완성형이 아니다.

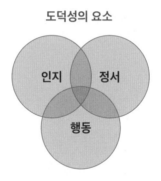

도덕성의 요소

아이의 교우관계, 학습 능력을 비롯해 거의 모든 영역에 영향을 미치는 도덕성은 단계별로 발달한다. 미국의 심리학자 콜버그Kohlberg는 이를 6단계로 나누어서 제시했다.

콜버그의 도덕성 발달단계

단계		특징
1단계	처벌과 복종	벌을 피하려고 규칙을 지킴 예) 교실에서 뛰면 선생님께 혼나니까 뛰면 안 돼.
2단계	욕구 충족	보상을 받으려고 규칙을 지킴 예) 교실에서 뛰지 않으면 선생님께서 사탕을 주신대!
3단계	대인관계 조화 또는 '착한 아이' 지향	칭찬을 듣기 위해 규칙을 지킴 예) 교실에서 걸어 다니면 선생님이 좋아하실 거야.
4단계	사회 유지	반드시 법과 규칙을 지켜야 한다고 생각함 예) 교실에서 뛰지 않는 건 규칙이니까 지켜야 해.
5단계	사회 계약	공동체 복지를 준하여 판단함 예) 규칙은 아니어도 다른 사람들에게 피해가 갈 수 있으니까 뛰면 안 돼.
6단계	보편적 원리	개인의 양심에 따라 판단함 예) 아무도 보는 사람이 없지만, 나 자신에게 부끄럽지 않게 뛰지 않고 걸어갈 거야.

콜버그의 도덕성 발달단계 이론에 따르면 초등학생의 도덕성
은 3, 4단계에 해당한다. 그중 저학년 시기는 3단계로, 이 단계 아
이들은 다른 사람을 기쁘게 하려고 착한 행동을 한다. 그러다 고
학년이 되면 4단계로 발달하여 법과 질서를 준수하는 도덕성을
가진다. 주변의 평판보다 법과 질서를 지키는 것을 우선한다.

다른 사람들과 어울려 살아가려면

영유아 때부터 가정에서 바르게 훈육을 받았다면 학교에서 다
른 아이들과 생활하는 데에 큰 어려움은 없다. 하지만 가정에서
훈육이 제대로 이루어지지 않았거나, 반대로 과도하게 훈육을 받
은 아이들의 경우 학교생활에서 크고 작은 문제들이 생긴다. 가정
에서의 도덕성 교육이 중요한 이유가 여기 있다. 그렇다면 우리
아이의 도덕성을 높이기 위해서는 어떻게 해야 할까?

첫째, 부모가 좋은 모델이 되어야 한다. 예를 들어 길에 쓰레기
를 함부로 버리지 않고, 길을 건널 때도 신호를 꼭 지키는 모습을
보이면 아이도 부모의 행동을 보고 배운다. 부모의 사소한 행동
하나하나가 아이의 도덕성 형성에 큰 영향을 미치는 것이다.

둘째, 해도 되는 행동과 하면 안 되는 행동을 분명하게 가르쳐

야 한다. 요즘 '아이의 마음 읽어주기'가 비판을 받는 이유는 훈육이 필요한 상황에서도 아이의 감정을 우선하느라 옳고 그름을 제대로 가르치지 못했기 때문이다. 아이의 속상한 마음을 잘 위로해주되, 옳고 그름에 관한 문제는 단호하게 대처해야 한다.

셋째, 옳은 행동을 할 수 있도록 이끌어주어야 한다. 1학년 담임을 맡았을 때의 일이다. 어느 날부터 우유가 한 개씩 남았다. 며칠을 지켜본 뒤 아이들에게 말했다. "며칠 전부터 우유가 한 개씩 남던데 누가 안 마신 건지 알 수 있을까?" 처음에는 아무도 손을 들지 않았다. 그래서 다시 이렇게 말했다. "우유는 안 마셔도 괜찮아. 누군지 몰라도 남아있는 우유를 보는 친구의 마음이 불편할 것 같아서 그래." 그러자 "선생님, 사실 제가 안 마셨어요. 우유 마시면 배가 아파서요."라며 지우가 주저하며 말했다. "지우야, 말해줘서 고마워." 혼날까 봐 사실을 숨기지 않고 솔직하게 이야기해준 지우가 고마웠다. 지우는 이 사건을 통해 사실대로 말하는 것이 마음속 불안을 해소하고, 자신에게 떳떳한 일이라는 사실을 깨달았을 것이다.

누구나 거짓말을 하면 안 된다는 것을 알고 있다. 하지만 옳은 행동이 무엇인지 아는 것과 그것을 실천하는 것은 다른 차원의 문제다. 옳다고 생각하는 것을 행동으로 옮기기 위해서는 용기가 필요하다. 아이가 잘못이나 실수를 했을 때 나무라기보다 그것을 배움의 기회로 삼는다면 다음에는 분명 옳은 행동을 하려고 노력할 것이다.

학교는 작은 사회다. 교실에선 좋은 일, 나쁜 일 가리지 않고 일어난다. 교사는 때로는 판사로, 때로는 변호사로, 때로는 엄마의 마음으로 아이들을 대한다. 교사가 다른 친구를 기꺼이 돕는 아이를 칭찬하고 선생님을 돕고 싶어 하는 아이에게 고마워하는 이유도, 수업활동을 소홀히 하는 아이를 따끔하게 혼내고 다른 아이에게 피해를 주는 행동을 제지하는 이유도, 결국 하나다. 아이가 다른 사람들과 어울려 살아가는 방법을 배우는 것. 그게 전부다.

내 아이의 비밀을 선생님에게 들키지 마라?

요즘은 학업 스트레스나 정서적인 문제로 힘들어하는 아이들이 많다. 그중 가장 많이 알려진 것이 ADHD주의력결핍 과다행동 장애인데, 초등학교 한 학급당 10퍼센트 정도의 아이들이 ADHD 증상을 보인다고 한다. 교실당 세 명꼴인 셈이다. 상황이 이런데도 몇몇 부모는 교사에게 아이가 ADHD인 것을 숨긴다. 교사가 편견을 갖고 내 아이를 바라볼까 걱정이 되어서다. 과연 그럴까?

5학년 지성이는 누가 봐도 어려움이 많은 아이였다. 쉬는 시간 수업 시간 할 것 없이 욕을 내뱉고 폭력적인 행동을 일삼아 아이들과 다툼이 끊이지 않았다. 반 친구들은 그런 지성이를 굉장히 힘들어했다. 담임선생님이 1년 동안 끊임없이 지성이를 지도하고 학부모 상담도 여러 차례 했지만, 전혀 나아지는 것이 없었다. 지성이 부모님은 지성이가 ADHD인 것을 인정하지 않으셨다. 현실을 부정하고 싶은 마음이 크셨던 데다가 아이가 문제아로 낙인찍힐까 봐 두려웠던 탓이다. 그러나 시간이 지날수록 부모님도 지성이를 통제하는 것이 점점 힘들어졌고, 아이들의 입에서는 "지성이 쟤는 원래 저래요.", "아, 쟤 또 저러네."라는 소리가 습관처럼 터져 나왔다. 반 아이들 모두 지성이와 활동하는 것을 꺼리면서 지성이는 점점 외톨이가 되어 갔다.

1학년 담임일 때 만난 희수도 심각한 문제행동을 보이는 아이였다. 학기 초부터 수업 태도가 굉장히 산만했고, 친구가 자기 물건을 살짝만 만져도 그 친구의 학습지를 찢어버리거나 목을 조르는 등 지나치게 공격적으로 반응했다. 희수를 어떻게 지도하면 좋을지 고민하던 차에 희수 어머님이 희수가 ADHD 약을 먹고 있고, 집에서도 비슷한 문제행동을 보인다고 말씀해주셨다.

'아, 그래서 그랬구나!'

그때부터 희수를 바라보는 시선이 완전히 달라졌다. 희수가 문제행동을 했을 때 계도의 대상으로 보는 것이 아니라, '어떻게 하면 이 아이의 어려움을 같이 극복해나갈 수 있을까? 담임교사로서 어떻게 도움을 줄 수 있을까? 희수 부모님께 어떤 말씀을 드려야 도움이 될까?'로 생각이 바뀐 것이다.

그 뒤로 희수 어머님은 희수가 먹는 약을 바꿀 때마다 바로바로 알려주셨다. 그리고 바꾼 약이 희수에게 잘 맞는지, 행동양상은 어떻게 변화하고 학교에서 어떻게 생활하는지 병원 내원 전에 꼭 이야기를 나눴다. 사실 ADHD 약은 종류가 굉장히 많아서 잘 맞는 약을 찾는 것이 중요하다고 한다. 협조적인 어머님과 담임교사의 협력으로 훨씬 잘 맞는 약을 찾은 희수는 학기 초와 비교해서 눈에 띄게 좋아졌다. 친구들과 대화할 때도 부드러워졌고, 이전에 보이던 폭력적인 행동은 거의 찾아볼 수 없었다. 친구들과 갈등이 생겨도 대화를 통해 풀어나갔으며, 실수할 경우 먼저 사과할 줄 아는 아이가 되었다.

부모의 진심과 교사의 진심이 통할 때

지성이와 희수는 둘 다 심각한 ADHD 증상이 있는 아이였다. 하지만 두 아이가 성장해나가는 양상은 확연히 다르다. 두 아이의 사례를 보며 '선생님이 먼저 ADHD 검사를 받아보라고 조언해주면 좋지 않을까?'라고 생각하시는 분이 있을지도 모르겠다. 그러나 안타깝게도 부모님께 검사나 치료를 권했을 경우 돌아오는 반응이 긍정적이거나 협조적이었던 적은 거의 없었다.

"왜 우리 아이를 문제아 취급하세요?"

"우리 아이에 대해 얼마나 많이 안다고 그러세요?"

"선생님이 우리 아이를 미워해서 그러는 건 아니에요?"

실제 학부모들의 답변이다. 부정적인 반응을 직접 겪었거나 이랬더라는 동료의 경험담을 들은 교사는 아예 입을 닫는다. 아이를 돕고 싶은 마음에 용기를 내서 말해도 도리어 공격받는, 이른바 '본전도 못 찾는' 일이 허다하기 때문이다.

교실에는 도움이 필요한 어려움을 가진 아이들이 꽤 많다. 조용한 ADHD라고 불리는 ADD주의력 결핍증 증상이 있어 수업 시간에 전혀 집중하지 못하는 아이도 있고, 경계성 지능을 가진 아이도 있고, 자폐 스펙트럼 양상을 보이거나 분노조절장애를 가진 아이도 있다. 부모님에게 전문적인 상담이나 치료를 권하기까지 교사는 백 번 넘게 고민한다. '혹여 부모님이 오해하지 않을까', '본인 아이만 미워한다고 생각하지 않을까' 하는 별걱정이 다 든다. 그런데도 용기를 내서 말씀드리는 것은, 어떻게든 아이의 어려움을 해소하여 학교생활에 도움을 주고 싶기 때문이다. 그러니 무턱대고 교사의 말을 의심하고 부정할 것이 아니라 열린 마음으로 경청해주시길 부탁드린다.

부모와 교사가 서로 신뢰하지 못하고 차갑게 마음을 닫을 때 가장 피해를 보는 대상은 다름 아닌 우리 아이들이다. 엄마 아빠 사이가 안 좋으면 아이가 중간에서 안절부절못하는 것처럼 양쪽 관계에서 오는 불신이 아이에게 그대로 전해지기 때문이다.

교사는 수십 명의 아이를 동시에 만나고 수백 명, 수천 명의 또래 아이들을 만났던 경험으로 어려움을 겪는 아이를 바로 알아차린다. 그리고 정말 도움이 필요한 아이인지, 지도가 필요한 아이인지 판별한다. 그러니 아이의 비밀을 들키지 않기 위해 애쓰기보다는 아이에 대해 솔직하게 털어놓고 담임교사와 긴밀한 협력관계를 맺는 것이 아이를 돕는 길이다.

진심은 통한다. 부모의 진심과 교사의 진심이 만나 아이의 어려움을 함께 해결하는 파트너로 관계를 정립할 때 아이의 성장을 탄탄하게 받쳐줄 것이다.

아이들은 삶에서 배운다

나이가 각기 다른 구성원들이 모여 생활하는 가정과 달리 학교는 또래 친구들이 모여있는 공간이다. 가정 안에서는 보통 어른이 아이들을 챙기느라 많은 일을 대신 해주지만, 나이가 같은 친구 사이에서는 서로를 챙기지 않는다. 그래서 학교에서 어떤 상황이 벌어지면 스스로 해결해야겠다는 생각이 자연스럽게 싹튼다. 아이가 성장하는 데 있어 반드시 갖춰야 할 '자립심'이라는 덕목을 배우는 것이다.

그런데 학교에선 제법 능동적으로 행동하다가도 집에만 가면 의존적인 모습을 보이는 아이들이 있다. 부모라는 울타리에서 벗어나 아이가 자신의 삶을 주체적으로 살아가기 위해서는 가정에서도 무언가를 스스로 해보는 경험이 쌓여야 한다. 알다시피 가정에서 아이의 자립심을 길러주는 가장 좋은 방법은 바로 '집안일'이다. 그런데 아이들에게 집안일을 하고 있냐고 물으면 상당수가 그렇지 않다고 말한다. 왜 그럴까?

안 하는 게 아니라 못 하는 집안일

1학년 교육과정에는 젓가락질 연습이 있다. 가운뎃손가락에 젓가락 하나를 대고 위 젓가락을 집게손가락으로 왔다 갔다 하며 연습한다. 수업 시간에 부지런히 종이컵에 있는 뻥튀기를 젓가락으로 집어 먹는 아이들의 얼굴엔 웃음꽃이 피었다.

"이제 우리 반 친구들은 젓가락질을 다 잘하네요. 집에 가서 저녁밥을 먹기 전에 식구들 숟가락과 젓가락을 식탁 위에 올려놓아 보세요!"

"전 이미 하고 있는데요?"

"저도요! 기본이죠."

"선생님, 저는 숟가락 젓가락을 올려놓고 싶은데 아빠가 불편하다고 저리 가 있으래요!"

"저도 방해된다고 식탁을 다 차리면 오라고 하셨어요!"

집안일을 하면서 부모님을 돕고 싶어 하는 마음이 가득한 아이가 본인이 싫어서가 아니라 부모님이 거절해서 집안일을 못 했다고 말한다. 그렇게 말하는 아이의 얼굴에는 속상함이 가득하다.

스스로 무언가를 하고 싶은 마음이 싹트는 아이에게 젓가락과 숟가락을 놓는 일은 그 나이대 아이들이 충분히 할 수 있는 수준의 집안일이다. 그게 아니더라도 자기 몫의 집안일을 하는 것은 가족 구성원으로서 응당 해야 하는 일이기도 하다. 귀찮다는 이유로 집안일을 하겠다는 아이를 거절하면, 아이는 자립심과 책임감을 배울 기회를 놓쳐버린다.

연습하면 혼자서도 잘해요

같은 1학년이라고 해도 물건을 대하는 태도는 아이마다 사뭇 다르다. 자기 필통에 흠집이 어디 나 있는지 아는 아이부터 물건을 잃어버리고는 잃어버린 줄도 모르는 아이까지 다양하다. 각양각색인 아이들이 같은 공간에 모여 생활하다 보니 아이들끼리 부딪히는 상황이 빈번하게 일어난다.

"선생님! 시우 색연필에 미끄러졌어요!"

"선생님! 시우 자리가 너무 더러워서 제가 불편해요!"

시우가 자기 물건을 잘 정리하지 않는 바람에 아이들의 불평이 이어졌다.

"시우야, 선생님이랑 같이 책상 좀 정리하자. 가위랑 풀, 색연필은 여기 바구니에 넣으면 돼. 교과서는 사물함에 넣고."

정리가 서툰 시우를 위해 색연필을 집어넣는 것부터 하나하나 가르쳐주었다.

"색연필이 이렇게 많이 나와 있으면 가방에 잘 들어가지 않지? 손톱의 반만큼만 남겨놓고 다 집어넣자. 근데 색연필이 많이 없네? 분실물 바구니에서 찾아볼래?"

바구니에서 한가득 색연필을 찾은 시우가 기뻐하며 말했다.

"선생님 제 물건이 여기 다 있어요!"

"그러네. 물건들이 주인을 만나서 좋겠다."

시우는 정리하는 법을 몰라서 온갖 물건을 그냥 책상 위에 둔 건데, 그것 때문에 친구들이 힘들어하니 멋쩍어했다. 시우는 정리하기 싫어서 물건을 아무렇게나 버려둔 게 아니었다. 단지 집에서 연습한 적이 없어서 학교에서 스스로 정리하기 어려웠을 뿐이다. 혼자 정리하는 법을 배운 시우는 학기가 지나고는 더는 같은 문제로 친구들의 불평을 듣는 일이 없었다.

집안일을 해본 적이 없는 것은 민혁이도 마찬가지였다. 국어 시간에 민혁이가 텀블러 뚜껑을 열다가 교실 바닥에 물을 쏟았다.

"선생님, 저 물 쏟았어요!"

얼른 걸레 두 장을 가져왔다.

"선생님이 이쪽 닦을게, 민혁이가 저쪽부터 닦아."

글씨 쓰기 연습 중이라 재빨리 물을 닦고 아이들의 글씨를 봐주려고 서두르는데, 민혁이가 가만히 서 있기만 했다.

"민혁아, 왜?"

민혁이의 얼굴을 보니, 눈이 동그래져서 어찌할 줄을 모르는 표정이었다.

'아, 물 닦는 법을 모르는 거였구나.'

민혁이의 상황을 눈치 채고는 걸레질하는 방법을 알려주었다.

"민혁아, 우선 저쪽 끝에 걸레를 놓아. 물이 다른 쪽으로 흐르지 않게."

걸레질이 끝나고 뒤처리 방법도 말해주었다.

"화장실에 가서 걸레를 꽉 짠 다음 창틀에다 널면 돼. 선생님은 젖은 책가방을 정리할게."

잽싸게 화장실에 다녀온 민혁이가 창틀에 걸레를 널었다.

"선생님 저 잘했죠?"

"응, 잘했다!"

아직도 민혁이의 눈빛이 기억난다. 물을 바닥에 쏟고 어찌해야 할지 모르겠다는 눈빛, 걸레질하는 법을 알려주었을 때 기뻐하는 눈빛, 본인 일을 스스로 처리하고 뿌듯해하는 눈빛.

시우나 민혁이 사례에서 알 수 있듯이 어른이 처음부터 끝까지 도와주지 않아도 연습할 기회만 충분하다면 아이들은 혼자서도 잘할 수 있다.

내 아이의 경쟁력은 집안일로 키울 수 있다

해가 갈수록 많은 아이가 물건을 제자리에 놓거나 자신의 자리를 정리하는 등 기본적인 자기 할 일을 스스로 하지 못한다. 아니, 할 생각을 안 한다. 집에서 그런 일을 해본 경험이 없기 때문일 것이다. 그런데 실제 교실 상황에서는 집안일을 적극적으로 한 아이들과 그렇지 않은 아이들 사이에서 차이가 크게 나타난다.

집안일을 꾸준히 해온 아이는 학교라는 사회 안에서 자신에게 닥친 문제 상황을 스스로 해결하고, 다른 친구까지 돕는다. 도움을 주고받은 친구들과 사이좋게 지내면서 교우관계가 넓어진다.

선생님의 칭찬도 이어진다. 교실 구성원들의 호감이 높으니 학교 생활도 즐겁다. 거기에다 학교에서 주어진 과제를 성공적으로 수행한 경험은 자기 능력에 대한 믿음인 자기효능감으로 이어져 앞으로 무슨 일이든 해낼 수 있다는 자신감을 얻을 수 있다.

집안일, 일이 아니라 아이들에게는 배움이다.

빛이 나는 아이를 위한 부모 역할

아이가 실패를 겪고 낙심해 있을 때 어떻게 말해주는 것이 좋을까요?

아이에게 부모님의 이야기를 들려주세요.

가장 좋은 것은 부모님 자신의 이야기를 들려주는 것입니다. 비슷한 실패를 겪었지만, 결국 극복해낸 부모님의 성공담을 들려주세요. 극복하지 못했더라도 실패했을 때의 어려움과 힘들었던 감정을 공유하는 것만으로 아이에겐 위로와 힘이 됩니다.

아이의 실수와 실패를 능력과 연관 지어 말하지 마세요.

· 이런 쉬운 일도 못 하면서 나중에 어떻게 큰일을 한다고 그래.

  ⇨ 실수해도 괜찮아. 이번에 배워서 다음에 더 잘하면 되지.

· 하나를 보면 열을 알 수 있는 거야. ⇨ 한번 해보자. 일단 해봐야 어떤 부분에서 부족한지 알게 되니까.

실수나 실패도 성장을 위한 소중한 경험이라는 사실을 알려주세요. 특히 자기 검열이 높고, 완벽주의 기질이 있는 아이들에게는 반복해서 강조, 또 강조해주세요.

선생님께 아이의 기질이나 성향을 말해도 좋을까요?

물론입니다. 선생님께 아이에 관한 정보를 알리는 것을 두려워하지 마세요. 아이에 대한 이해도를 높일 수 있어 여러모로 많은 도움이 됩니다. 이때 "아이가 낯을 가리고 소심해요."처럼 단적이고 부정적인 표현 대신에 "아이가 낯선 환경에서 반응이 느릴 수 있어요."라고 표현하는 것이 좋습니다.

아이에 관한 정보를 알렸다고 해서 우리 아이를 반 친구들과 다르게 대해주길 바라서는 안 됩니다. 기질이나 성향에 따라 특별 대우를 받는 것은 어려울뿐더러 아이의 성장과 성숙에도 좋지 않은 영향을 주니까요. 예를 들어 '아이가 낯을 가리고 소심한 성격이니 작년 같은 반 친구와 계속해서 짝이 되게 해달라'고 요구하는 일은 아이에게서 문제를 스스로 해결하고, 어려움을 극복할 기회를 빼앗는 일과 다름없습니다.

기본적으로 교실은 사회보다 훨씬 '안전한' 곳입니다. 물론 집보다는 조금 불편하고 원하는 대로 안 되는 일도 있지만, 아이가 도태되거나 배척당하는 일은 거의 없습니다. 그러니 원칙을 깨는 특혜나 지나치게 개인적인 요구를 하는 것은 우리 아이의 성장에 결코 도움이 되지 않는다는 사실을 꼭 기억해주세요.

예민한 아이의 학교생활을 어떻게 도와줄 수 있을까요?

쉼이 있는 일상을 만들어주세요.

예민한 아이들은 학교에서 많은 자극을 받기에 신체적·정신적 피로도가 다른 아이들에 비해 매우 높아요. 그래서 하교 후에 한 템포 쉬는 시간을 갖는 것이 좋습니다. 특히 학교라는 새로운 기관에 적응해야 하는 저학년 시기에는 꼭 필요한 경우를 제외하고 학원을 최소로 다니는 것을 추천합니다. 학교에서 머무는 시간이 길수록 에너지 소모도 크기 때문에 적응 초기에는 방과 후 프로그램도 추천하지 않습니다. 집에서 충분히 쉬어야 다음날 학교에서 쓸 에너지를 충전할 수 있으니까요.

과도한 학습의욕을 주의하고, 자유 놀이 시간을 갖게 해주세요.

예민한 아이는 스스로 완벽함을 추구합니다. 자신 있는 일에만 나서고, 잘 못할 것 같다 싶으면 아예 시도조차 하지 않으려 하지요.

틀리거나 잘 해내지 못했을 때 받게 되는 스트레스 때문입니다. 이런 과도한 학습 의욕은 스스로를 얽매이게 해 학습 능력을 발휘하는 데 걸림돌이 됩니다. 유일한 해결책은 가정에서 이런 심리적 압박을 줄여주는 것입니다. 스트레스를 마음껏 풀 수 있는 자유놀이 시간을 꼭 갖게 해주세요.

명확한 규칙과 경계선을 제시해주세요.

예민한 아이를 둔 부모님은 아이의 예민함이 터지는 것이 두려워 갈등 상황을 아예 피하거나 아이가 쏟아내는 감정을 다 받아주려는 경향이 있습니다. 아이의 예민함을 긍정적으로 수용해주는 것은 중요하지만, 무조건 받아주기만 하면 아이는 응석받이로 자라기 쉬워요. 부모님이 명확한 규칙과 경계선을 제시해줄 때 아이 스스로 감정을 조절하는 방법을 배우게 됩니다.

'내면의 힘'을 길러주기 위해서는 어떻게 하면 좋을까요?

어려운 일에 도전할 기회를 주세요. 일상생활에서 조금씩 단계를 높여 도전 과제를 제공해주는 겁니다. 예를 들어 줄넘기의 개수를 조금씩 늘려서 1,000개에 도전하기, 피아노로 쉬운 곡부터 하나씩 연주하기, 단계별로 종이접기를 배워서 최종적으로 나만의 창작물 만들기 등 얼마든지 단계별로 도전 과제를 설정할 수 있어요. 단, 도전 과제를 정할 때는 아이와 꼭 상의해서 결정해야 합니다. 꾸준한 연습이 필요한 이런 활동은 아이에게 성취감뿐만 아니라 도전의식과 즐거움을 동시에 느끼게 해줍니다.

아이가 학원을 다니기 싫다고 하는데 끈기를 기르려면 계속 다니도록 하는 게 좋을까요?

학원을 끊고 싶은 이유에 따라 다를 수 있어요. 학원을 끊기 전에 아이와 이야기를 나눠보세요. 학원을 끊고 싶은 이유가 선생님 때문인지, 교우관계 때문인지, 배우는 내용이 지루하거나 어려워서인지, 학원이 너무 많아 피곤하고 힘들어서인지 그 이유를 명확히 알아야 해요. 신체적·정신적으로 스트레스를 받는 상황이라면 아이와 상의한 후 일정 기간 학원을 끊는 것이 좋겠지만, 단순히 지루하거나 어려워서 학원에 다니기 싫은 거라면 계속 다니게 하는 것이 좋아요. 그 단계를 극복했을 때 다시 재밌어지거나 실력이 향상되는 경험을 통해 '내면의 힘'을 기를 수 있거든요. 그때가 바로 '그릿'을 기를 수 있는 좋은 기회입니다.

아이가 학교에 잘 적응하려면 어떻게 도와야 할까요?

아이 앞에서 선생님을 흉보지 마세요.

아이들은 기본적으로 선생님을 좋아합니다. 특히 담임선생님은 아이에게 학교에 있는 부모와 같은 존재이지요. 아이가 선생님을 신뢰하지 못하면, 학교생활에 많은 혼란을 겪게 됩니다. 마치 엄마가 아빠 흉을 볼 때 느끼는 혼란과 비슷합니다. 아이들은 안 듣는 것 같지만 누구보다 귀를 쫑긋 세워서 듣고 있답니다.

아이에게 학교생활에 대한 기대감을 심어주세요.

부모가 학교를 바라보는 시선이 곧 아이가 학교를 바라보는 시선이 됩니다. 학교를 긍정적으로 생각하는 아이는 후광효과로 인해 더 많은 것을 배울 수 있습니다. 그러니 아이를 위해 학교의 좋은 점을 극대화해서 이야기해주세요. "와! 학교가 이런 활동도 하고, 진짜 재밌겠다!", "좋은 선생님을 만나 정말 감사한걸." 부모님의 말 한마디로 우리 아이의 학교생활 만족도가 올라갑니다.

학교는 재미 이상의 의미가 있는 곳이라는 사실을 알려주세요.

다양한 자극에 노출된 요즘 아이들은 웬만한 '재미'에도 잘 반응하지 않습니다. 하지만 아이들이 자라면서 길러야 할 많은 덕목은 재미와는 거리가 멀지요. 해야 할 일을 책임감 있게 해내는 힘, 기다리는 힘, 남을 배려하며 할 말은 하는 힘 등 학교는 우리 아이들이 삶을 살아가는 데 꼭 필요한 힘을 길러주는 곳입니다. 당연히 언제나 재미있을 수만은 없겠지요. 학교에서 배워야 하는 것은 지식만이 아닙니다. 재미가 없더라도 학교생활을 통해 반드시 배워야 하는 중요한 가치들이 있다는 걸 알려주세요.

3장

초등 진짜 공부,
그것이 알고 싶다

체험! 삶의 현장 학교

학교는 아이가 교사의 보호 아래 다양한 학문을 배우고 맛있는 밥을 먹고 친구들과 어울리는 삶의 장場이다. 하지만 몇몇 학부모들에게 학교는 아이들을 평가하여 등수를 매기고 서로 간의 경쟁을 부추기는 곳으로 인식되는 것 같다. 그래서일까? 간혹 이렇게 말씀하시는 분들이 있다.

"선생님, 저희 아이가 수줍음이 많습니다. 발표를 시키지 말아주세요."

"선생님, 저는 공부를 잘하길 바라지 않아요. 애가 주눅 들 만한 상황을 만들지 말아주세요."

"선생님, 승부가 판가름 나는 달리기 활동은 시키고 싶지 않습니다. 스탠드에서 쉬게 해주세요."

이럴 때 교사는 조금 당황스럽다. 아이들을 가르치는 과정에서 발표도 하고, 달리기도 해야 하는데 활동 지도를 하지 말라니. 몸이 불편한 상황도 아닌데, 이런저런 이유로 교과 활동을 뺀다면 수업 시간에 학생은 뭘 배울 수 있을까 고민이 된다.

교사로서 당황스러운 마음을 뒤로하고 학부모의 입장에서 생각해보니 이런 요구를 하는 데에는 학교에 대한 불안심리가 크게 작용하는 것 같다. 예전에 학교 다닐 적에 학생들을 오직 성적으로만 평가하던 그 시절 교육환경이 머릿속에 부정적인 이미지로 남아서 우리 아이도 나처럼 상처받을까 봐 걱정하는 것이리라.

하지만 '상처받을까 봐'는 부모의 생각이다. 지금의 초등학교 교육과정은 그렇게 흘러가지 않는다. 모든 수업은 학생들이 다양한 활동을 통해 성취해야 할 목표를 달성하도록 조직되어 있다. 교육과정 아래 체계적으로 짜인 수업활동은 미래에 필요한 역량을 길러주고 아이의 건강한 성장을 돕는다. 아이가 상처받을 것이 두려워 이런저런 이유로 배움 활동을 꺼린다면, 아이는 성장할 수 없다. 학교는 수업을 통해 아이에게 다양한 경험을 제공하고, 성장할 기회를 제공한다. 무엇이든 안전하게 도전해볼 기회의 장이 바로 학교인 것이다. 그러니 학교에 대한 불신을 거두고, 교육과정을 통해 아이가 무엇을 배우고 성취할 수 있는지에 초점을 맞추면 좋겠다.

우리는 그동안 학교가 기회의 장이라는 것을 알지 못했다. 그 사실을 코로나 시기를 겪으며 깨달을 수 있었다. 대면 수업이 불가능한 상황에서 교사들은 줌으로, 클래스팅으로 과제를 내고 아이들이 잘 수행할 수 있도록 학습지를 제공했다. 학생들도 집중력이 떨어지는 온라인 학습의 단점을 이겨가며 성실히 수업에 임했다. 학부모도 아이의 학습 공백을 최소화하기 위해 적극적으로 도왔다. 각자의 자리에서 열심히 노력했지만, 모두가 느꼈을 것이다. 무언가 부족하다는 것을.

코로나로 꽁꽁 잠긴 빗장이 풀리고, 학교에 가지 못했던 시절과 현재를 비교해보니 무엇이 부족한지 확실히 알겠다. 학교는 전통적인 학습구조를 일방적으로 가르치는 지식 습득의 장이 아니었다. 학교는 사회적 관계 속에서 지식을 배우는 경험주의적 학습 공간이었다. 온라인 강의로, AI 보조 학습 콘텐츠로 체계적인 지식의 구조는 배울 수 있었지만, 그 과정이 아이들을 '성장'시키지는 못했다.

아이들은 친구들과 함께 하는 배움 활동을 통해 지식을 습득하고, 상호작용 속에서 성장한다. 학교는 아이들이 바르게 성장할 수 있도록 학급 단위, 학년 단위, 학교 단위로 아이들에게 필요한 것을 지원한다.

서로 도우며 성장하는 아이들

초등학교는 한 반에 서른 명가량이 모여 생활한다. 같은 나이대의 아이들이 모여 있으니, 수업 내용은 그 나이대의 모든 학생이 같은 학습 목표를 성취할 수 있도록 구성되어 있다.

보통 1학년 교육과정은 활동 중심 수업으로 이루어진다. 공통 과제를 주고, 경험에서 배운 지식을 바탕으로 문제를 해결하도록 수업을 구상한다. 이 과정에서 학급 구성원들끼리 서로 도움을 주고받는 상황이 필연적으로 발생한다.

그중 대표적인 것이 종이접기 활동이다. 종이접기는 늘 속도에 차이가 나는 표현활동이다. 손이 야무진 아이는 재빨리 완성하고, 소근육 발달이 느린 아이는 시간이 오래 걸린다. 모두 다 완성해야 하는 상황에서 교사가 쓰는 마법 같은 말이 있다.

"다 만든 친구들은 돌아다니면서 다른 친구를 도와주세요!"

이름을 부르며 지목하지 않아도 완성한 아이들은 교실을 돌아다니며 친구들을 돕는다.

"내가 도와줄까?"

"응. 고마워!"

도움을 주는 아이도 기쁘고, 도움을 받는 아이도 즐겁다. 한 단계가 끝이 나면 모두가 다음 단계로 넘어가서 같은 작품을 완성한다. 다 함께 한 걸음씩 전진하며 성장하는 것이다.

아이들 삶과 연결되는 수업

5학년 사회 교과에는 인권의 의미와 중요성에 대해 알아보는 수업이 있다. 교과서 내용만으로는 실생활과 연결 지어 인권을 이해하기 어려울 것 같아 아이들에게 과제를 내줬다. 모둠별로 다양한 인권 가운데 하나를 골라 조사하고, 조사한 내용을 발표하는 시간을 갖기로 한 것이다. 다양한 인권 사례를 공유하고 서로의 생각을 나누는 데 중점을 두었다.

그 당시 우리 반에는 지적장애로 말을 또렷하게 하지 못하고 몸이 불편하여 휠체어를 타고 다니는 동주가 있었다. 반 친구들은 동주가 자신들과 다르니 도와주어야 한다는 생각은 했지만, 동주를 위해 직접 몸을 움직여 같이 놀아주는 아이들은 손에 꼽을 정도였다. 전쟁 상황에서의 인권, 성별에 따른 인권, 장애인 인권, 노동자 인권, 어린이 인권 등 다양한 인권 중에서 우리 반은 유독 '장애인 인권'을 선택한 아이들이 많았다. 동주와 함께 생활하며 생각의 방향이 그쪽으로 발전한 것 같았다. 동주가 속한 모둠에 특별히 부탁했다.

"동주가 발표에 참여할 수 있는 부분을 만들어주렴."

동주와 같은 모둠의 아이들은 발표 내용을 어떻게 구성할지 치열하게 고민했다. 동주를 인터뷰하는 식으로 어떤 체육활동을 좋아하는지 물어보고, 배드민턴을 치는 동주의 모습을 영상으로 찍어 발표 시간에 보여주었다. 그러면서 몸이 불편한 장애인도 스포츠를 좋아하고 즐길 권리가 있다는 결론을 내놓았다. 의미 있는 발표 수업이었다. 다양한 인권에 대해 새롭게 알게 되어서가 아니라 생활 속에서 인권에 대해 깊이 생각해볼 수 있는, 나의 삶과 연결된 수업이었기 때문이다.

인권 수업 이후로 반 친구들은 동주의 불편함을 충분히 공감하고 이해하게 되었다. 또 발표자로 자신의 목소리를 내본 동주에게도 큰 변화가 일어났다. 수업 태도가 확 달라진 것이다. 수업 시간이면 심드렁한 표정으로 앉아있던 동주가 두 눈을 반짝이며 수업을 즐기기 시작했다.

아이들이 주체가 되는 수업

6학년 사회 교과에서는 세계 여러 나라의 자연과 문화에 대해 배운다. 학급별로 나라를 정하고, 그 나라를 알리는 부스를 운영하는데 지리적·문화적 특징, 유명한 인물, 역사적 사건 등 해당 나라에서 알아야 할 필수 내용을 선별한다. 그리고 학급 안에서 다시 모둠별로 어떤 내용을 조사할지 협의한다.

"우리 반이 맡은 나라는 중국이야. 우리 모둠은 중국에 대해 뭘 조사하면 좋을까?"

"혹시 중국 문화재에 자신 있는 사람 있어?"

모둠원들끼리 의견을 주고받으며 조사 내용을 선정한다. 그런 다음 어떤 방식으로 발표할지도 논의한다.

"중국 문화재를 어떻게 발표하는 게 좋을까? 퀴즈 문제를 내고 맞추게 하는 건 어때?"

"영상을 찍어서 보여주거나 역할극을 해도 좋을 것 같아."

이 수업의 목표는 세계 여러 나라를 탐구하면서 우리 주변의 세상을 공부하는 것이지만, 과제를 수행하며 서로의 생각을 나누고 의견을 조율해가는 과정 자체가 귀중한 배움이 된다.

그래서 이런 수업을 구상할 때 교사는 주도적으로 나서지 않고, 아이들끼리 문제를 해결하도록 도우미 역할을 맡는다. 학생들이 원활하게 소통할 수 있도록 충분한 시간을 준다거나 필요한 물품을 대신 구매해주는 식이다. 가끔 아이들이 주제에서 벗어나거나 중요하지 않은 부분을 집중해서 조사할 경우 "우리가 꼭 알아야 할 문화재는 교과서에 나와 있단다. 교과서를 다시 한번 살펴볼까?"라고 넌지시 말하며 맞는 방향을 제시해주기도 한다. 또 모둠에서 역할을 맡지 못해 힘들어하는 학생이 있다면 모둠원 친구들과 논의하여 역할을 재조정한다.

이렇게 교사는 학생들에게 의미 있는 교육활동을 제공하기 위해 커다란 학습 울타리를 조성한다. 학생들은 그 울타리 안에서 스스로 학습 방법을 계획하고 선택하며, 자율적으로 학습을 주도해나간다.

아이들의 책임감이 자라는 학교행사

우리 학교에서는 매년 가을 축제가 열리는데 전시, 주제별 부스

체험, 공연 등 다채롭게 꾸며진다. 이번 축제 때 우리 반은 뮤지컬 공연을 하기로 일찌감치 결정했다. 1학기 때 대본을 쓰고, 2학기 때 연습해서 축제 때 공연하는 장기 프로젝트였다.

공연 작품을 간단히 설명하면 다문화 친구가 이질감을 느끼고 괴로워하다가 반 친구들과 다시 사이좋게 지내는 내용이다. 우리 반 아이들에게 주인공 역할을 하고 싶은 사람이 있으면 손을 들라고 했다. 손을 든 아이들 중에서 가장 많은 표를 받은 형준이가 주인공이 되었다. 그런데 형준이는 하고 싶다고 손을 들었으나 진짜 주인공이 될 줄은 몰랐는지 얼떨떨한 표정이었다. 살짝 걱정됐지만, 일단 형준이 손에 대본을 들려 보냈다. 다음 날 연습 시간에 보니 형준이 대본에 그어진 형광펜 자국이 눈에 띄었다. 그걸 본 순간 '형준이가 뮤지컬을 위해 노력하고 있구나!'라는 생각에 대견했다.

사실 형준이는 주의가 산만하여 좀처럼 수업에 집중하지 못하는 친구다. 그런 형준이가 형광펜으로 자기 대사를 밑줄 치고, 열 번씩 읽고 왔다는 말에 모두가 깜짝 놀랐다. 주인공인 형준이가 노력하는 모습을 보이니 반 아이들 모두 좋은 공연을 만들자는 분위기가 형성되었다.

뮤지컬 연습을 하면서 형준이는 완전히 달라졌다. 수업 시간에 집중하려고 노력했고, 발표 때도 적극적인 태도를 보였다. 학교 축제를 책임감 있게 준비하며 한 단계 성장한 것이다.

다양한 수업과 활동이 이루어지는 학교가 학생들에게는 재미있기도 하고 힘들기도 하다. 하지만 분명한 건 아이들은 학교에서 안전하게 도전할 기회를 얻고, 다양한 경험을 쌓으며 성장해나간다는 사실이다.

공부를 잘하려면 '듣기'를 잘해야 한다

　우리 반 끝에서 1, 2등을 도맡는 윤서는 입학식 날부터 눈에 띄는 아이였다. 교과서 꺼내기, 연필 쥐기, 선생님과의 눈맞춤 등 스스로 수업을 준비하기 어려워했다. 윤서는 종종 수업 중에 "선생님, 그런데 어디인데요?", "선생님 말이 무슨 말인지 모르겠어요."라고 외치곤 했다. 윤서가 이런 질문을 할 때마다 안타까웠지만, 한편으론 무척 기특했다. 질문을 한다는 건 그래도 공부하려는 의지가 있다는 뜻이기 때문이다. 다른 친구들이 매우 쉽다며 다 알아들을 때 혼자 헤매고 있으니, 가장 답답하고 속상한 사람은 윤서일 터였다.

　윤서는 돌봄이 부족한 환경에서 자랐다. 어렸을 때부터 부모님과의 소통 경험이 부족해 언어 자극을 충분히 받지 못했다. 한글은 당연히 떼지 못했고, 학교에서 배운 내용을 집에서 복습해본 적도 없다고 했다. 직·간접 경험이 모두 부족하여 풍선, 호두 같은 교과서에 나오는 기본 단어조차 알지 못했다. 직접 읽어줘도 음성언어와 대상을 연결 짓지 못하니 실물이나 영상, 사진을 동원해 단어를 가르쳐야 했다. 그런 윤서에게 수업 시간에 핵심 단어를 찾고 중요한 내용이 무엇인지 골라내는 일은 불가능에 가까운 일이었을 것이다.

5학년 민준이는 그해 만년 꼴찌였다. 민준이 어머님의 동의를 얻어 방과 후 교실에 남아 주기적으로 공부를 가르쳐주었다. 그런데 민준이가 교과서를 읽을 때 연거푸 난독 증상을 보였다. 글자를 모르는 것은 절대 아닌데, 줄글로 된 문단을 읽기 시작하면 첫째 줄을 읽다가 갑자기 넷째 줄을 읽었다. 밑줄 친 문장을 읽는 것도 어려워했다.

요즘 분위기에 교사로서 많은 용기가 필요했지만, 민준이 어머님께 상황을 본 그대로 말씀드렸다. 그리고 답답할 아이를 위해 전문가의 도움을 받으면 어떨지 여쭈었다. 다행히 어머님은 교사의 의견을 곡해해서 듣지 않으시고, 전문적인 치료를 받아보겠다고 하셨다. 진단 결과 민준이에겐 난청이 있으며, 난청에서 생긴 난독증이 있는 것으로 나타났다.

듣지 못하는 요즘 아이들

윤서와 민준이는 듣기가 잘 안 되는 아이 중에서도 심각한 경우긴 하다. 그러나 정도의 차이가 있을 뿐 해가 갈수록 듣기 능력이 부족한 아이들이 늘고 있다.

최근 학교 현장에서 가장 많이 나오는 이야기가 "애들이 듣지를 않아."라는 말이다. 여기서 듣지 않는다는 것은 단순히 교사의 말을 무시한다는 차원이 아니라 더 원론적인 문제다. 이름을 불렀을 때 바로 반응하지 못하고, 수업활동에 대한 기본적인 안내도 알아듣지 못하는 것이다. 게다가 듣기에 어려움을 겪는 아이들은 1학년부터 6학년까지 전 학년에 걸쳐 있다.

요즘 아이들이 듣기를 어려워하는 이유가 무엇일까? 여러 복합적인 이유가 있지만, 어릴 때부터 미디어와 디지털 콘텐츠에 과도하게 노출된 탓이 크다. 현란한 영상은 뇌에 강한 자극을 준다. 문제는 빠르고 강렬한 자극에 우리 뇌가 금방 익숙해져서 현실 속 자극에 무디게 반응하는 데 있다.

미국 워싱턴대학의 데이빗 레비David Levy 교수는 이런 현상을 뇌과학적으로 증명했는데, 바로 '팝콘 브레인Popcorn brain' 현상이다. 디지털 기기를 많이 사용할수록 옥수수가 열을 만나 톡톡 터지듯이 강렬한 자극에만 뇌가 반응하고, 일상생활에서 오는 다소 정적인 자극에는 둔감해지도록 뇌 구조가 바뀐다는 것이다. 이렇게 웬만한 자극에는 뇌가 반응하지 않게 되면서, 아이들은 집중하며 듣는 것에 어려움을 겪는다.

지나친 '영상의 자막화' 현상도 문제다. 아이들이 가장 많이 이용하는 유튜브에 들어가 보면 거의 모든 콘텐츠에 자막이 깔려 있다. TV 예능 방송이나 교양 프로그램, 다큐멘터리도 마찬가지다. 예전에는 특별히 강조하고 싶은 부분에만 자막을 깔았다면, 요즘에는 기본적으로 모든 말에 자막을 깐다. 특별히 강조하고 싶은 부분은 온갖 효과를 동원한다. 처음부터 끝까지 자막을 입혀주면 시청자 입장에서는 무척 편리하다. 하지만 듣기 능력을 키워야 하는 아이들에겐 오히려 방해 요인으로 작용한다. 자막이 없는 실제 대화 상황에서 집중력이 떨어져 내용을 듣고도 이해하기 어렵고, 강조하는 특수 효과도 없으니 무엇이 중요한 내용인지 판단하기 어렵기 때문이다.

듣기 능력을 높이는 방법

초등학교에서 꼭 필요한 듣기 능력은 '주의력', '집중력' 그리고 '핵심 내용을 파악하는 능력'이다. 그중에서 '주의력'은 처음 시작할 때 관심이 쏠리는 능력, '집중력'은 그 관심을 지속하는 능력을 말한다. 초등 아이들은 타고난 기질과 입학 전 경험에 따라 개인차가 크다. 듣기에 어려움이 있는 학생들을 보면 '주의력'이 부족한 아이도 있고, '집중력'이 부족한 아이도 있다. 그리고 안타깝게도 '주의력'과 '집중력'이 모두 부족한 아이도 있다.

'주의력'과 '집중력' 둘 다 중요한데, 개인적으로 '주의력' 향상을 더욱 시급하고 중요한 문제로 본다. 주의력이 없으면 집중할 기회조차 얻지 못하기 때문이다. 또 주의력은 학업을 떠나 기본적인 학생의 안전과도 직결된다. 교사가 안전 수칙을 반복하여 안내해도 기억하지 못하고, 위기의 순간 "조심해!", "멈춰!" 같은 교사의 외침조차 듣지 못할 수도 있기 때문이다.

주의력이 낮은 경우 가정에서부터 주의력을 높이는 연습을 반복하는 것이 좋다. 꼭 공부가 아니라 간단한 심부름이어도 괜찮다. 예를 들어 아이의 어깨를 토닥이거나 눈을 마주쳐 주의를 환기한 뒤 아이가 시선을 돌리면 최대한 간단하게 내용을 안내한다.

그런 다음 아이에게 "뭐라고 말했지?", "뭐 하기로 했지?"라고 물어본다. 귀 기울여 들은 아이는 안내한 내용을 그대로 말하거나 자신만의 언어로 다시 설명할 수 있지만, 그렇지 않은 아이는 간단한 단어조차 말하지 못한다. 반드시 잘 들었는지, 제대로 이해하고 있는지 확인하는 절차가 필요하다. 만약 아이가 잘 대답했다면 확실하게 칭찬해줘야 한다.

집중력이 낮은 경우 아이가 좋아하는 주제, 즉 아이가 몰입할 수 있는 이야기로 듣기 연습을 하면 좋다. 이때 이야기 중간중간에 잘 듣고 있는지 확인하는 질문을 던진다. 듣기 경험이 쌓이면 질문하는 횟수를 줄이고, 다른 주제의 이야기로 넘어간다.

마지막으로 '핵심 내용을 파악하는 능력'을 길러줘야 한다. 교사는 직업 특성상 목적 지향적이고 정련된 표현을 구사하지만, 그 안에도 핵심 단어가 있고 핵심 문장이 있다. 따라서 이야기를 듣고 핵심 내용을 파악하는 능력이 필요하다. 이 능력은 국어 교과 수업에서도 반복·심화하여 지도하고 있으나 듣기에 어려움을 겪는 아이의 경우 가정에서도 함께 노력하면 큰 도움이 된다. 그렇다면 가정에서 어떻게 해야 아이의 듣기 능력을 키워줄 수 있을까? 구체적인 방법을 알아보자.

먼저 기본 어휘력부터 채워줘야 한다. 어휘력 부족은 사전이나 단어 모음집을 공부하는 것으로는 해결이 안 된다. 단어가 쓰이는 상황과 맥락이 중요하기 때문이다. 따라서 일상생활에서 벌어지는 다양한 발화 상황이나 독서를 통해 기본적인 어휘를 길러주는 것이 좋다. 기본 어휘를 알아야 말이 들린다.

그다음으로 흘려듣기가 아닌 집중해서 듣는 연습을 해야 한다. 스마트폰을 손에서 놓지 않은 요즘 아이들은 흘려듣는 것에 익숙해져서 실제 사람이 하는 말을 주의 깊게 듣지 못한다. 아이와 가장 많은 시간을 보내는 사람은 가족이기 때문에 가정에서 출발하는 대화 경험이 매우 중요하다.

마지막으로 중요한 내용을 판별할 수 있는 능력을 길러야 한다. 가족과 대화하면서 들은 이야기 중에 중요한 말이 무엇인지 파악하고, 이를 자신의 언어로 표현하는 연습을 꾸준히 하는 것이 좋다.

'듣기'는 의사소통의 시작이다. '듣기'를 잘해야 공부도 잘한다. 수업에 제때 참여하고, 수업 활동을 이해하고, 핵심 내용을 파악할 수 있으려면 무엇보다도 잘 들어야 한다.

선행학습을 많이 한 아이가 정말 집중을 잘할까?

"야! 너 지금 수학 어디 나가?"

"나 지금 중학교 과정 거의 다 끝났어. 방학 때 아마 고등학교 거 들어갈 걸?"

"정말? 진도 엄청 빠르네."

친구들 학원 진도가 어디만큼 나갔는지 궁금했던 동호는 민건이의 대답을 듣고 깜짝 놀랐다. 그래도 내심 다른 친구들에 비해 수학을 잘하고 많이 앞서나가고 있다고 자부하고 있었는데, 그게 아닌 것 같아 초조해졌다. 동호는 '이것도 늦은 건가, 더 빨리 해야 하나?'라는 생각에 사로잡혔다.

저마다 정도의 차이는 있지만, 많은 아이가 사교육으로 선행학습을 하고 학교 수업을 듣는다. 고학년으로 갈수록 선행학습을 한 학생들의 비율은 높아진다. 학부모들이 선행학습에 몰두하는 가장 큰 이유는 우리 아이가 수업 내용을 잘 이해하고 우수한 성적을 받았으면 하는 마음에서다. 중·고등학교 때는 학교 진도를 얼른 나가고, 입시공부에 매진하기 위해 선행학습을 한다. 물론 개중에는 순수하게 공부에 열망을 느껴서 스스로 선생학습을 하는 아이도 있다. 하지만 실제로 깊이 있는 공부를 하는 경우는 거의 보지 못했다.

먼저 아는 것보다 깊이 아는 것이 더 중요하다

아이들에게는 선행학습을 '어디까지' 했는지가 중요하기 때문에 깊이 아는 것보다 더 많이, 더 빨리 아는 것에 매달린다. 자신감이 넘쳐 흐르다가도 다른 친구의 "나 지금 수1 하고 있어."라는 말에 초조해하고, 본인이 뒤처지고 있다고 생각한다.

실제로 사교육 기관에서는 이런 '공포 마케팅'으로 많은 학생과 학부모들을 유인한다. 수박 겉핥기식이라도 진도를 빨리 나가면 그것이 곧 실력이 좋은 것이라는 잘못된 생각을 주입시킨다. 배운 것을 꼭꼭 씹어 소화하고 그것을 응용하는 공부가 아니라 누가 더 빨리 진도를 나가느냐로 경쟁하며, 속도가 곧 실력이라는 잘못된 생각을 심어주는 것이다. 그래서 친구가 자신보다 진도가 빠르다는 사실을 알게 된 순간 불안감이 밀려든다.

중학교 1학년 수학을 먼저 배운 학생에게 6학년 수학은 당연히 쉬울 수밖에 없다. 6학년 수학에서 개념을 응용해야 풀 수 있는 심화 문제가 중학교 1학년 수학에선 공식만 적용하면 풀 수 있는 간단한 문제가 되어버리기 때문이다. 하지만 이것이 정말 수학적 사고력과 문제해결력을 길러주는 학습인지는 재고할 필요가 있다. 선행학습을 한 아이들은 자신이 정말 수학을 잘한다는 허상에 빠지기 쉽다. 이런 아이들은 피상적인 문제는 곧잘 해결해도 기본 개념을 응용하여 푸는 문제를 만나면 해결방법을 찾지 못하고 상당히 헤맨다. 중학교 1학년 과정까지 끝냈다는 아이가 6학년 수학익힘책 문제도 못 푸는 현상이 벌어진다.

흥미가 떨어지면 집중력도 떨어진다

그렇다면 선행학습을 하고 온 아이들은 교실에서 어떨까? 부모들의 기대처럼 집중해서 수업을 듣고 재미있게 공부할까?

6학년 수학 '원기둥과 원뿔' 수업을 하던 날이었다. 도형 영역 수업이고, 특히 원기둥과 원뿔은 난도가 낮아 '쉬어가는' 단원이기에 선행학습을 한 학생들이 흥미를 느끼지 못하고 있었다. 하지만 학교 수업은 선행학습을 한 아이들을 대상으로 하지 않는다. 학교 수업으로 개념을 처음 접하는 아이들도 많고, 느린 학습자들도 있어 당연히 모르는 학생을 기준으로 평균 수준에 맞춰 수업한다. 원기둥의 개념을 정확하게 알려주기 위해 칠판에 빗원기둥을 그리고 깜짝 퀴즈를 냈다.

"얘들아! 이건 원기둥일까, 아닐까?"

그러자 고개를 숙이고 멍하니 있던 아이들의 눈동자가 일제히 칠판을 향했다.

"그것도 원기둥이에요!"

"아니에요. 그건 원기둥이 아닌 것 같아요."

"그래? 왜 원기둥이 아닌 것 같아?"

적막이 흐르던 교실에서 이내 토론이 벌어졌고, 원기둥의 개념에 대해 아이들은 활발하게 논의를 펼쳐나갔다. 아이들은 왜 빗원기둥 그림을 보고 토론을 시작했을까? 그것이 생소했기에 아이들의 흥미를 이끌어낸 것이다.

사람은 자신이 잘 알고 있는 분야에 자신감을 가진다. 하지만 모르는 것에 더 흥미를 느끼기 마련이다. 잘 아는 것과 궁금한 것은 다르다. 다 아는 것을 또 들을 때 우리의 집중력은 현저히 낮아진다. 왜냐하면 뇌는 효율적으로 정보를 처리하기 때문에 첫 단어만 들고도 '아는 것!'이라는 판단이 들면 그것에 집중력을 쏟지 않기 때문이다.

아이들 역시 자신이 알고 있는 내용이라고 생각하면 수업에 집중하지 않는다. 책상에 얼굴을 파묻고 혼자 문제만 풀고 있다. 많은 학부모가 아는 내용을 또 들으면 학교에서 저절로 복습이 되리라 생각하겠지만, 실제로 다 아는 내용을 귀 기울여 듣는 아이는 많지 않다. 반대로 선행학습을 잘 하지 않는 과목을 가르칠 때 아이들의 집중력이 높아지는 것을 온몸으로 느낀다.

이런 모습은 저학년 아이들에게도 똑같이 나타난다. 선행학습을 하고 온 아이들은 수업을 잘 듣지 않는다. 듣고 싶지 않아서가 아니라 '이미 난 다 알고 있다'라는 생각에 수업을 들을 필요성을 느끼지 못하기 때문이다. 선생님의 설명은 한 귀로 흘려보내고, 혼자서 수학익힘책 문제를 푸는 데 열심이다. 그러면서 다른 친구들보다 먼저 "저 문제 다 풀었어요!"라고 말하는 것을 자랑스러워한다.

초등학교는 구체적 조작기에서 형식적 조작기로 넘어가는 단계에 있다. 추상적인 개념이나 이론을 이해하기 어려운 저학년 아이들은 구체물을 이용하여 학습한다. 실제로 수모형을 이용하여 10모형을 1모형 10개로 만들어보고, 10모형 17개가 100모형 1개와 10모형 7개와 같다는 것을 직접 만져보며 배운다. 그러나 선행학습을 하고 온 아이들은 공식이나 정의를 이미 다 외운 상태이기 때문에 발산적 사고나 경험을 통한 체득보다는 정해진 답을 내놓는 경우가 많다. 다양한 사고를 유도하려고 해도 "아니에요, 선생님, 그건 이거예요."라며 정해진 틀에서 벗어나지 못한다. 게다가 '다 아는 내용인데 내가 왜 또 앉아서 이걸 들어야 하지?'라는 생각에 배움의 욕구가 일어나지 않으니 당연히 수업이 지루할 수밖에 없다.

어떤 것이 진정한 학습일까?

일부 배려심 깊은 학생들은 다 알고 있는 내용이라도 수업 시간에 딴짓하는 법 없이 설명을 잘 듣고, 친구들과 열심히 활동한다. 하지만 수업 태도가 좋은 학생이라고 해서 학습 내용에 지적욕구를 느낀다고는 볼 수 없다. 그 아이들은 수업하는 선생님을 위해서, 선생님이 좋아서 수업을 열심히 들어주는 것이지 스스로 배우고 싶은 열망을 느끼는 것은 아니기 때문이다.

선행학습이 무조건 나쁘다는 것이 아니다. 수업 진도를 따라가기 어렵거나 이해하기 어려운 경우 예습 차원에서 학습할 내용을 미리 공부하고 오는 것은 확실히 도움이 된다. 문제는 아이의 '진짜 공부'를 방해하는 지나친 선행학습이다.

무리한 선행학습에 쓰일 아이의 시간과 에너지를 응용과 심화 학습에 사용한다면 훨씬 더 효과적으로 공부할 수 있을뿐더러 아이의 사고력과 문제해결력까지 키울 수 있다. 무엇보다 학교 수업이 지루함을 참아내는 시간이 아니라 흥미로운 배움이 가득한 알찬 시간으로 바뀐다.

장기레이스, 고학년이 되면서 지치는 아이들

　저학년 아이들은 에너지가 넘친다. 수업에 들어가면 오늘은 선생님이 우리랑 무슨 공부를 할지 궁금해하는 눈망울이 초롱초롱 빛나고, 연극이나 만들기 같은 활동이 있는 날이면 교실에 재잘재잘 이야기 소리가 끊이지 않는다. 그러나 고학년 수업, 특히 6학년 반에 들어가면 수업 초반 가라앉은 분위기를 끌어올리는 데 상당한 시간을 써야 한다. 아이들은 지쳐있고 표정이 없다. 오늘은 또 나한테 뭘 시키려나 하는 표정으로 쳐다보는 통에 이거 해보자, 저거 해보자 하기가 미안할 정도다.

　저학년 때는 에너지가 충만하다가 고학년으로 갈수록 아이들이 무기력해지는 이유는 무엇일까?

학습 무기력에 빠지는 이유

첫 번째 원인은 학습 동기의 상실에서 찾을 수 있다. 심드렁한 표정으로 의욕 없이 앉아있는 고학년 아이들을 보면 '학습된 무기력'이라는 말이 떠오른다. '학습된 무기력'은 미국 심리학자 마틴 셀리그만Martin Seligman이 동물을 대상으로 학습에 관한 연구를 하다가 발견한 개념이다. 2단계로 진행된 실험 내용은 이렇다.

1단계 실험에서 여러 마리의 개를 세 집단으로 나누고, 각기 다른 환경조건을 주었다. 전기 충격이 가해질 때 첫 번째 집단은 레버를 당겨 충격에서 벗어날 수 있었고, 두 번째 집단은 어떤 행동을 해도 전기 충격에서 벗어날 수 없었다. 그리고 세 번째 집단에는 어떤 충격도 주지 않았다. 2단계 실험에서는 벽 하나만 넘으면 탈출이 가능한 케이지 안에 개들을 놓고 아까와 같은 전기 충격을 가했다. 이때 첫 번째 그룹과 세 번째 그룹은 벽을 뛰어넘어 탈출했지만, 두 번째 그룹은 실험이 끝날 때까지 전기 충격을 그대로 받으며 웅크리고 있었다. 어차피 탈출하지 못할 거라는 무기력을 학습한 것이다.

학습 동기를 잃어버려 의지가 꺾인 아이들을 볼 때면 마음이 아프다. 무엇이 그들의 '레버'를 제거한 것일까? 아이를 위한 행동이 어쩌면 아이들에게 무기력을 학습시키고 있는 것은 아닌지 되돌아볼 때다. 아이의 정서가 먼저다. 안정된 정서 위에서 학습이 이루어질 때, 비로소 배움의 즐거움을 느낄 수 있다.

두 번째 원인은 스트레스를 해소할 적절한 창구가 없다는 것이다. 하루아침에 무기력한 아이가 되는 게 아니다. 스트레스를 받고 있다는 신호를 보내지만, 어른들이 그것을 인지하지 못하고 놓치는 경우가 많다. 배가 아프다거나, 머리가 아프다거나, 짜증이 많아졌거나, 손톱을 깨무는 등 아이가 주는 스트레스 신호를 부모가 재빨리 알아채야 한다. 그리고 그 원인을 찾아 스트레스를 해소하기 위해 노력해야 한다. 사실 스트레스가 없는 삶은 없다. 과도한 스트레스가 아니라면 그것을 어떻게 관리하느냐가 더 중요하기 때문에 주기적으로 아이의 긴장과 불안을 해소할 방법을 찾아 실행하는 것이 좋다. 평소 아이가 무엇을 할 때 행복해하는지 살펴보고, 아이의 고민을 함께 나누는 시간을 가져보자.

세 번째 원인은 과도한 학습량이다. 초등학생이 중·고등학교 수학을 공부하는, 감당하기 힘든 수준의 학습량이 아이들을 지치게 한다. 요즘 아이들은 '몇 학년 공부'를 하느냐로 친구의 공부 수준을 평가한다. 그리고 다른 친구들보다 더 빠른 선행학습을 하려고 안달한다. 교사로서 그런 광경을 볼 때면 어딘가 모르게 막막하고 쓸쓸한 기분이 든다. 공부는 장기전이다. 달리기로 치면 마라톤과 같다. 초등학생 때부터 무리한 속도로 달리다가는 금세 지쳐버리고 말 것이다. 아이의 능력과 상관없이 진도를 나가는 게 목적인 학습은 빛 좋은 개살구일 뿐 아이를 성장시키지 못한다.

네 번째 원인은 자기주도성의 부재에 있다. 사람은 누구나 주체적인 삶을 원한다. 아이들도 그렇다. 아이가 어릴 때는 삶의 주도성을 중요하게 생각하고 육아에 힘쓰지만, 학교에 들어가고 입시가 다가올수록 무게 추가 한쪽으로 기울기 시작한다. 공부에서도 주도성이 중요하다. 자신이 학습할 내용을 스스로 선택해 공부하고, 결과에 따라 적절한 피드백을 고민하고 적용하는 과정에서 아이는 성취감을 맛볼 수 있다. 물론 스스로 선택하는 만큼 그 책임도 아이 스스로 져야 한다. 숙제를 제대로 하지 못했다면 학교에 가서 혼나고, 다음부터는 잘해야겠다고 마음먹으면 된다. 혼자 공부했는데 결과가 만족스럽지 않다면 다른 대안을 모색하면 된다. 이렇게 아이가 주도적으로 행동할 수 있도록 부모의 영향력을 점차 줄여나가는 것이 좋다.

우선순위 정하기

　교사라는 직업 특성상 수많은 아이를 만나다 보니 학습과 관련한 선택을 할 때 고려하는 기준이 있다. 아이가 '최고가 되는 수'를 고르는 대신에 '최악을 피하는 수'를 선택하는 것이다. 친구들과 소통이 어려운 아이, 선행학습으로 힘들어하는 아이, 선행학습 때문에 수업에 흥미가 없는 아이, 정서적으로 우울한 아이, 화가 나면 폭력적으로 돌변하는 아이 등 다양한 군상을 만나며 무의식중에 '최고가 되는 수'를 선택하지 않게 조심한다. 그 대신에 자유 시간 확보하기, 현행학습에 충실하기, 스마트 기기와 미디어 노출을 최소화하기, 가족 간 친밀한 관계 유지하기 등 기본적인 것을 단단히 챙기려고 노력한다. 이렇게 살다가 아이가 공부까지 잘해준다면 정말 감사한 일이고, 그렇지 못해도 정서적으로 안정되고 자존감이 탄탄하다면 꼭 공부가 아니더라도 무슨 일이든 잘해나갈 거라 믿기 때문이다.

　아이가 고학년이 되면서 늘어나는 불안을 무리한 선행학습으로 채우려는 부모가 여전히 많다. 인생 전체로 보자면 아이가 아이일 수 있는 시간은 무척 짧다. 순식간에 지나갈 유년 시절마저 자기 모습대로 살지 못하는 아이들이 참 안타깝다.

어린이는 실수와 실패를 경험하며 자라는 존재이지, 부모가 만들고 깎아서 만들어내는 작품이 아니다. 누구도 예측하기 어려운 미래를 대비하려 괜한 불안에 흔들릴 필요가 없다. 확고한 기준을 가지고, 아이의 정서를 우선순위에 두자. 그러면 아이들의 에너지는 고학년이 되어도 사그라지지 않고 더 활활 타오를 것이다.

아이들이 충분히 놀아야 하는 이유

"하루를 잘 논 아이는 짜증이 없고, 10년을 잘 논 아이는 평생이 명랑하다."

아이들의 놀이밥 삼촌을 자처하며, 놀이와 놀이터의 중요성을 설파하고 다니는 편해문 선생님의 책《아이들은 놀이가 밥이다》에 나오는 표현이다. 다시 읊조려봐도 굉장히 직관적이면서 가슴에 와닿는 말이다. 교육 현장에 있는 교사로서 더욱 공감이 간다.

이 책에서는 집단 따돌림, 주의력 결핍, 마음의 병으로 세상을 등지는 아이들의 이유를 '놀이 실종'에서 찾는다. 이제 아이들의 놀이 실종은 단순히 개인사, 학교 문제를 넘어 사회적 문제가 되었다. 대한민국 아이들은 집단으로 충분히 놀지 못한다. 아니, 좀 더 정확히 말하면 놀 수 있는 시간을 재는 카운트다운 시계가 지나치게 빠르다.

아이가 어릴 때는 많은 부모가 놀이에 집중한다. 더 잘 놀게 해주려고, 더 다양한 경험을 겪게 해주려고 들로 산으로 놀이터로 매일 출근한다. 모두가 놀이에 진심이며 최선을 다한다. 본격적인 갈등은 학령기부터 시작된다. 갑자기 너무 아이를 놀게만 한 것은 아닐까 하는 두려움이 스멀스멀 밀려온다. 여섯 살까지는 신나게 놀았더라도, 일곱 살부터는 책상에 앉혀서 매일 뭐라도 해야 할 것 같다. 이제 노는 건 충분하니 학원에 다니거나 학습지라도 해야 할 것 같다는 생각이 든다. 이런 생각에 동조하지 않더라도 결과는 마찬가지다. 그러는 것이 좋다는 확신은 없지만, 대세를 거스를 용기도 없기 때문이다.

얼마나 어떻게 놀아야 할까

아이는 얼마나 놀아야 할까? 아이마다 가정마다 환경이 다르고 사정도 다르기에 무 자르듯 딱 잘라 대답할 수는 없다. 그러나 대체로 열 살 이전까지는 공부보다 일상생활에서 '성실'과 '근면'을 실천하게 하고, 책을 읽게 하는 것이 좋다고 한다. 충분히 논 아이들은 불만이 없다. 교실에서 인기 있는 아이들을 유심히 보면 한 가지 공통점을 찾을 수 있다. 어떤 방법으로든 놀 줄 아는, 즉 잘 노는 아이라는 것이다.

잘 논다는 것은 무엇일까? 놀이 상황에서는 끊임없이 상호작용을 하고, 즉각적으로 의사결정을 해야 한다. 규칙을 제시했다가도 상황에 따라 변경하고, 친구들의 마음과 생각을 읽고 의견을 조율해야 한다. 그 과정에서 의사소통 능력, 창의력, 협업 능력, 문제해결력이 길러진다.

놀이의 힘은 우리 생각보다 훨씬 더 크다. 고학년 아이들에게 생소하고 어려운 개념을 가르쳐야 할 때, 그 전 시간에 체육 수업을 한다. 물론 의도적으로 배치한 것이다. 몸을 써서 충분히 에너지를 발산하고 나면 집중력이 향상되고 뇌도 활성화되는 것을 많은 경험을 통해 체득했기 때문이다. 몸을 쓰고 나면 뇌는 높은 수준의 각성 상태를 유지하고, 최고의 효율로 집중력을 높여준다. 놀라울 정도로 차분해진 상태에서 학습 효과가 극대화된다.

교사이기 전에 대한민국에 사는 엄마로서 일정 연령이 지나면 놀이터에서 또래 친구를 찾기 힘들다는 것을 알고 있다. 학원에 보내는 것도 뭔가를 배우게 하려는 목적도 있지만, 친구를 만나게 하려고 어쩔 수 없이 보낸다는 부모의 속사정도 잘 알고 있다. 하지만 이렇게 '어쩔 수 없다'며 합의하고 침묵한 어른들 때문에 아이들은 태어나서 당연히 누려야 할 어린 시절을 지나치게 빨리 빼앗기고 만다. 에너지를 발산할 새도 없이 미술 학원, 논술 학원, 영어 학원, 수학 학원에 가느라 바쁘다. '태권도, 줄넘기처럼 몸 쓰는 학원도 넣었으니 괜찮겠지.'라고 안일하게 생각해서는 안 된다. 엄밀히 말해 태권도, 줄넘기처럼 무언가 '배워야 할 목표'가 있는 활동을 진정한 놀이라고 할 순 없다.

동네에는 놀 아이가 없으니까, 놀이터에는 몇 살 이후로는 아무도 안 나오니까, 한국에서 살려면 어쩔 수 없으니까 이런저런 핑계로 놀이를 잃어버린 우리 아이들은 'OECD 청소년 자살률 1위'라는 오명을 얻었다. 그것도 2위의 두 배가 넘는 압도적인 1위라고 한다. 놀지 못한 아이들은 욕구 불만이 쌓인다. 계속해서 움직이고 에너지를 발산하고 싶은 욕구가 충분히 해소되지 않은 아이는 야생의 모습으로 교실에서 포효한다. 더 심해지면 폭력적인 행동을 보인다.

흙에서 풀에서 구르게 하고, 높은 곳에도 올라가고, 적당히 위험한 것도 겪게 해야 한다. 그렇게 자신의 몸에 대한 감각을 익혀야 한다. 내 몸의 주인이 나로 세워지는 경험을 해야 한다. 많이 놀아보지 못한 아이는 자신의 몸을 잘 알지 못한다. 내가 언제 넘어지고, 언제 고꾸라지는지, 어디까지 올라갈 수 있고, 어떻게 뛰어내리는 것이 안전한지 모른다. 아이들은 놀 때, 특히 밖에서 뛰어놀 때 '나'를 알 수 있고, 세상의 지식을 받아들일 준비를 한다. 그렇기에 초등학교 저학년 때까지는 내가 내 몸의 주인이라는 생각을 단단하게 다져야 한다. 그 토대 위에 긍정적인 정서가 쌓이고, 세상을 향한 진지한 탐색이 시작된다. 이것이 공부다.

진짜 잘 놀기 위해서

우리가 아이들에게 놀 시간을 주는 것만큼 '제대로' 놀 시간을 주는 것도 중요하다. 결국, 허용이다. 우리나라 부모들이 외국 놀이터를 보면 몇 가지 기함할 점이 있다. 지나치게 뭐가 없고 단조로운 데다가 아이에게 위험해 보이는 것이 너무 많다는 것이다. 보통 외국의 놀이터는 흙, 나무, 울퉁불퉁한 돌이나 바위 같은 것이 그대로 노출된 경우가 많다. 심지어 톱이나 삽같이 위험한 물건이 보일 때도 있다. 스스로 탐색하고 한계를 설정해보는 경험을 위해서다.

다행히 희망은 있다. 초등 1, 2학년 과정은 이미 '놀이 중심 교육과정'을 표방한다. 지역 교육청마다 조금씩 다르지만 '아이들의 놀 권리 보장 조례'를 내실 있게 추진하기 위해 1, 2학년 교실 리모델링 사업 자금을 실질적으로 지원하기도 한다. 지금 우리 학교 1학년 교실에는 양쪽 벽 옆으로 아이들이 가지고 놀 수 있는 블록과 다양한 보드게임이 잘 정돈되어 있다. 푹신한 매트도 있어 쉬는 시간에 수시로 눕고 놀기도 한다. 이렇게 대부분의 교실에서 자유 놀이 시간을 적극적으로 활용한다. 교사의 성향에 따라 차이가 있을 순 있지만, 모든 선생님이 놀이 중심 교육과정의 구현을 위해 노력한다.

아이가 '진짜 잘 놀기' 위해서는 부모의 역할도 중요하다. 요즘 우리 아이의 놀이 공백을 메우고 있는 것이 '스마트폰'은 아닌지 따져볼 필요가 있다. 저학년 때는 스마트폰 없이도 잘만 놀던 아이들이 놀이의 골든타임이 지나서는 놀 시간이 주어져도 잘 놀지 못한다. 손가락만 갖다 대면 온갖 자극적이고 말초적인 쾌락을 즉각적으로 전해주는 '인스턴트 놀이'에 중독되었기 때문이다.

"그런데요, 선생님. 그럼 대안이 뭘까요? 한국 사회에서 뭘 어떻게 할 수 있을까요? 다른 아이들이 다 학원에 있는데요."

맞다. 맞는 말이다. 하지만 지나치게 자조적인 말이기도 하다. 다른 아이를 핑계 삼지 말고, 일단 우리 아이라도 뛰어놀게 해야 한다. 10년을 잘 논 아이는 평생 꺼내쓸 추억이 가득하다. 인생의 화수분처럼 자꾸 꺼내도, 또 언제든 꺼내쓸 수 있게 추억이 샘솟는다. 평생 가져갈 힘이다.

놀이력은 곧 몰입이며 집중력이다. 제대로 놀아본 아이가 사회성도 뛰어나고 공부도 잘한다. 아이를 놀게 하자. 실컷 구르게 하고, 마음껏 뛰어놀리자. 편해문 선생님의 명언에 한 마디를 덧붙여본다. 하루를 잘 논 아이는 짜증이 없고, 10년을 잘 논 아이는 평생이 명랑하며, 실컷 논 아이들이 더 잘 배운다.

친구에게 알려주는 아이 vs. 나만 알고 싶은 아이

　3월의 어느 날 1학년 아이들에게 첫 학습지를 나눠주었다. 입학식이 채 일주일도 지나지 않았을 때였다. 그런데 갑자기 수영이가 손을 들고 소리를 지른다.

　"선생님 얘가 제 거 봐요!"

　아이의 말에 이런 생각이 든다.

　'이 아이에게 친구에게 학습지를 보여주면 안 된다고 가르친 사람은 누구지?'

　이제 갓 1학년이 된 아이가 도대체 어떠한 이유로 친구에게 자신의 학습지를 보여주면 안 된다고 생각한 것일까? 심지어 그 학습지는 친구와 함께 풀어도 되는 학습지였는데 말이다. 1학년인 우리 반에서 아주 간혹 치러지는 수학 수행평가와 받아쓰기를 제외하고는 친구에게 보여주면 안 되는 학습지는 없다.

친구가 자신의 것을 본다며 속상해하는 수영이에게 다가가 이렇게 말했다. "괜찮아, 친구가 네 것을 봐도. 너도 모르는 것이 있으면 언제든 친구들한테 물어보렴." 수영이는 우리 반에서 공부를 잘하는 축에 속하는 아이라서 그 이후로도 다른 친구에게 무언가를 물어보는 일은 거의 없었다. 하지만 수영이에게 자신이 아는 것을 친구에게 알려주는 행동이 얼마나 가치 있는 것인지 알려줄 필요성은 충분했다.

같이의 가치: 자기 능력의 향상

그 이후로 일부러 수영이의 짝으로 한글이나 수학 학습이 느린 아이를 정해주었다. 그리고 수업 시간마다 짝이나 주변 친구를 도울 기회를 주었다. "문제를 다 푼 학생은 주변에 다 못한 친구를 도와주는 게 어떨까?"

처음에는 친구에게 무언가를 알려주는 것을 어색해하던 아이들도 금세 알려주는 행위에 흥미를 보였다. 그러나 수영이는 이런 상황이 낯설고 불편한 눈치였다. 지금껏 자신이 아는 것을 다른 사람에게 나눈 적이 없는 듯했다.

그렇게 하루 이틀이 지나고 한 달이 지날 무렵 수영이는 누구보다 적극적으로 친구를 돕는 아이가 되었다. 누군가 볼까 몸을 한껏 숙이고 손으로 이리저리 가리며 학습지를 풀던 과거와 달리 친구를 살피며 문제를 푸는 아이의 얼굴은 이전보다 훨씬 편안하고 행복해 보였다. 수영이의 짝도 이전보다 훨씬 수업에 집중하는 모습을 보였고, 빠르게 교과 성적이 올라갔다.

나중에 학부모 상담을 하면서 학기 초에 수영이가 왜 그렇게 행동했는지 알게 되었다. 수영이 부모님은 아이가 외동으로 자라 가정에서 배려나 협동의 가치를 배울 기회가 부족했다고 말씀하셨다. 그리고 수영이가 똑똑한 편이라는 것을 알게 된 후로는 공부에만 집중했던 것 같다고 털어놓으셨다.

하루는 수영이에게 넌지시 물었다. 혼자서 문제를 풀던 때와 친구에게 알려주는 지금, 뭐가 더 좋냐고. 아이는 신이 나서 대답했다. "지금요! 친구가 모르는 것을 알려주니까 제가 꼭 선생님이 된 거 같아요. 그리고 친구들에게 알려주면서 저도 더 똑똑해지는 것 같아요." 더 똑똑해지는 것 같다는 수영이의 말은 허풍이 아닌 여러 연구 결과로 실제 입증된 사실이다.

이처럼 한 학생이 교사가 되어 다른 학생의 학습을 돕는 것을 교육학 용어로는 '또래교수법'이라고 하는데, 이 교수법은 학습자뿐만 아니라 또래교사의 학업성취도 높여준다. 배우는 학생은 친구의 설명을 들으며 더 잘 이해할 수 있고, 가르치는 학생은 학습한 내용을 설명하며 개념을 더 명확하게 습득하기 때문이다.

학창 시절에 전교 1등을 놓치지 않는 친구가 있었다. 그 친구는 쉬는 시간뿐만 아니라 자율학습 시간에도 모르는 것을 묻는 친구들을 돕느라 열심이었다. 저래서 공부는 언제 하나 의아했는데, 나중에 들어보니 친구들에게 설명하는 것이 자기 공부에 큰 도움이 되었다고 말했다. 또래교수법의 효과를 몸소 체험한 것이다.

같이의 가치: 되돌아오는 나눔

초등학교 때 내가 아는 것을 다른 친구들에게 알려주는 경험이 중요한 또 다른 이유는 언젠가 나도 도움이 필요한 상황이 반드시 생기기 때문이다. 수영이도 그랬다. 항상 공부를 가르쳐주던 친구에게 종이접기를 배웠다. 사람은 모든 방면에서 완벽할 수 없다. 제아무리 학습적인 측면에서 뛰어난 아이라도 부족한 부분 있기 마련이고, 누군가의 도움이 필요한 상황이 생길 수밖에 없다. 그리고 내가 아는 것을 친구에게 알려주고, 또 친구에게 내가 모르는 것을 배우는 과정에서 아이들은 지적 성장을 이룰 뿐만 아니라 협력, 연대, 소통 같은 가치를 배운다.

자신이 아는 것을 친구들에게 알려주는 행동은 나중에 어려움을 겪는 친구를 도와주는 행동으로 자연스럽게 이어진다. 우리 반엔 한글 쓰기가 미숙하여 알림장을 늦게 쓰는 아이가 있다. 그런 아이가 안타까웠는지 옆자리 친구가 틀린 글씨를 알려주기 시작했다. 게다가 알림장을 쓰느라 자리 청소를 못 한 것을 보고 청소를 도와주는 친구도 생겼다. 1학기가 지나고, 쓰기가 서툴렀던 아이는 이제 다른 친구들과 같은 속도로 알림장을 적는다. 게다가 한 학기 내내 친구들의 도움을 받았던 덕분에 다른 친구들을 돕는 데 아주 능숙하다.

우리 사회는 함께 사는 곳이다. 결코 혼자서 살아갈 수 없으며 앞으로 맞이할 사회는 더 많은 연대와 협력이 필요하다. 그리고 이런 가치를 실현하기 위해선 자신이 아는 것을 흔쾌히 나누는 것부터 시작해야 한다.

저학년 받아쓰기 틀려도 괜찮다, 진짜 괜찮다

'학교'라는 말을 들었을 때 떠오르는 단어는 무엇일까? 선생님, 친구, 우리 반, 교실 등 다양한 대답이 쏟아지는 가운데 그중에는 분명 '시험'이라고 답한 사람도 있을 것이다. 사실 '시험'이라는 단어를 가장 먼저 떠올린 사람은 지금의 초등학생보다는 초등학생을 자녀로 둔 학부모들이지 않을까 싶다.

초등학교 입학을 앞두고, 아이의 학업에 대한 부모의 불안은 최고조에 달한다. 1학년 담임을 맡으면 학부모의 넘실대는 불안이 너무 잘 느껴지는데 그 불안이 폭발하는 순간이 있으니, 바로 '받아쓰기'다.

대부분의 초등학교에서는 1, 2학년 때 받아쓰기를 시행한다.

한글 집중 교육 시기에 받아쓰기 연습을 통해 아이들이 한글을 정확하게 알고 쓸 수 있도록 돕기 위해서다. 1학년 1학기는 학교에 적응해야 하는 시기라서 받아쓰기 연습을 하지 않다가 2학기가 되어서야 시작한다. 받아쓰기 연습과 시험 규칙은 학교마다 조금씩 다르지만, 우리 학교는 선생님들끼리 꼭 지키자고 약속한 방법이 있다.

하나, 띄어쓰기는 아이들에게 아직 힘드니 띄어 쓸 때 손뼉을 치거나 길게 쉬고 말할 것.

둘, 문장부호(쉼표, 마침표, 물음표, 느낌표, 따옴표)도 말해줘서 그 문장을 통째로 외우게 하지 말고, 소리를 듣고 쓸 수 있도록 포인트를 줄 것.

셋, 틀린 개수에 초점을 맞추기보다는 자신이 틀린 부분을 알고, 이를 고쳐가는 과정을 칭찬하고 격려할 것(학생들끼리 몇 점인지 서로 비교하지 않도록 지도할 것).

모든 반이 이런 과정에 따라 띄어쓰기를 지도하기로 합의한 후 다음과 같은 안내문을 돌렸다.

받아쓰기 공부하는 방법

• 소리 내어 문장을 읽습니다.

• 문장을 바른 글씨로 따라 씁니다.

• 틀린 문장은 스스로 다시 써보며 공부합니다.

학부모님께 드리는 말씀

받아쓰기는 '시험'이 아니니, 가정에서 무리하게 연습하여 아이들이 지치지 않도록 신경 써주시기를 바랍니다. 1학년 어린이들이 한글을 배우고 익히는 과정에서 기쁨을 누릴 수 있도록 가정에서도 협조해주시면 좋겠습니다.

시험으로 성장하는 아이, 시험으로 좌절하는 아이

그래도 시험은 시험인지라, 아이들은 받아쓰기 시험 날이 되면 이런 말을 한다.

"선생님 받아쓰기 언제 해요?"

"저 다 맞을 자신 있어요! 어제 집에서 연습했거든요."

그때 우리 반 진수가 피곤한 얼굴로 다가와 말했다.

"선생님, 어제 저 11시 넘어서 잤어요. 받아쓰기 연습하느라고요. 힘들어요."

"응? 잠을 자야지, 왜 그 시간까지 받아쓰기 연습을 했어?"

"아빠가 받아쓰기 연습하고 자래요."

"아니야, 어린이는 잠을 자는 것이 제일 중요해. 깨어있을 수 있는 시간에 연습해야지."

그날 오후, 때마침 진수 아버님께서 전화를 주셔서 받아쓰기 문제로 상담을 했다.

"선생님, 우리 진수가 받아쓰기를 계속 틀려서 어제저녁 11시 30분까지 가르쳤습니다. 이번 시험이 어려웠다고 알림장에 적어주셨는데, 다른 친구들은 어떻게 시험을 봤는지 궁금하기도 하고, 우리 애가 어느 정도 하는지 알고 싶어 연락드렸습니다."

"진수 아버님, 그렇지 않아도 진수가 어젯밤 11시 30분까지 받아쓰기 연습을 하느라 힘들었다고 하더군요. 오늘 받아쓰기는 전체적으로 어려워서 반 아이들도 힘들어했습니다. 그런데 유독 진수가 틀릴까 봐 많이 긴장하는 모습을 보이더군요. 아버님, 초등학교에서는 성장 중심의 평가를 합니다. 아이들이 스스로 자기가 무얼 모르는지 알고, 그것을 배우기 위해 하는 평가입니다. 아이를 성적이라는 기준에 가두지 말아주세요.”

“선생님, 제대로 배우지 못하면 어떻게 합니까? 모르면 공부해서 그 내용을 아는 것이 중요하지 않습니까? 아이에게 공부습관을 길러주고, 시험 결과에 책임을 지게 하려면 이렇게라도 부모가 끌고 가야 하지 않겠습니까?”

“네, 그렇죠. 제대로 배워야 합니다. 하지만 제대로 배우는 것이 꼭 잠을 줄여야만 가능한 걸까요? 그리고 부모님이 잘 이끌어주시는 것도 맞지만, 이런 방식이라면 진수가 부모님을 원망하는 마음이 커질 것 같아 걱정됩니다. 방법을 달리해보는 것은 어떨까요? 학교에서는 받아쓰기 시험에서 틀린 문장을 세 번씩 써오라는 숙제를 냅니다. 시험에 나올 만한 문장을 모두 연습하는 것보다 틀린 것을 세 번씩 쓰는 편이 실력을 향상하는 데 도움이 되기 때문입니다. 만약 받아쓰기 숙제를 해오지 않았다면 쉬는 시간이나 점심시간을 이용해 숙제를 마치게 합니다. 학교에서는 이렇게 지도하고 있어요. 이 점을 참고하시고, 아이에게 무리한 연습을 시기키보다는 ‘쉬는 시간이나 점심시간에 친구들과 노는 게 좋니? 받아쓰기 숙제를 하는 게 좋니?’라고 묻는 식으로 자신의 행동에 책임을 지도록 해주세요. 선택은 아이의 몫입니다. 누가 뭐래도 자라는 아이에게는 건강이 제일 중요합니다. 다음부터는 일찍 재워주세요."

진수 아버님과 대화하면서 학교에서 실시하는 받아쓰기 시험의 의도와 아버님이 이해하는 받아쓰기 시험의 의도가 완전히 다르다는 것을 알 수 있었다. 진수 아버님께 드린 당부의 말씀은 가정에서 받아쓰기 연습을 아예 하지 말라는 이야기가 아니다. 받아쓰기 내용을 미리 읽고 들어보는 것은 시험을 대비한 좋은 연습 방법이다. 그러나 이때 시험의 의도를 헤아려 아이에게 절대 무리가 되지 않는 선에서 지도해야 한다.

시험은 본질적으로 아이의 실력 향상을 위해 실시하는 제도이지, 아이들을 비교하고 낙인찍히기 위한 제도가 아니다. 특히 초등학교에서는 절대 아니다. 초등학교 교육 현장에서 많이 쓰는 성장 중심 평가, 역량 중심 평가라는 말은 평가의 목적이 아이들을 줄 세워서 비교하는 데 있지 않고, 아이들의 성장에 있다는 뜻이다. 많은 부모가 이런 사실을 익히 알고 있음에도 반사적으로 비교하는 마음, 불안한 마음에서 아이를 다그치는 것 같다. 게다가 시험에 대한 선입견이 학교 교육과정 방향을 바르게 이해하는 것을 방해하고, 교육의 본질을 왜곡해서 받아들이게 하는 결정적인 원인이 되는 것 같아 참 안타깝다.

받아쓰기, 쉬운 내용이 아니다. 한글 맞춤법 교육은 초등 고학년 때까지 이어지며 초등 교과과정 내내 학생들이 알아가야 하는 긴 호흡의 학습이다. 그러니 저학년 아이를 두고, '받아쓰기도 못해서 어쩌지?' 하는 생각에 초조해할 이유가 없다. 맞춤법 시험이 곧 배우는 과정이라는 것을 기억하고, 서두르지 말고 여유를 갖고 기다려주면 좋겠다.

받아쓰기, 아이가 성장하기 위한 발판으로 생각한다면 틀려도 괜찮다. 진짜 괜찮다.

초등 공부, 어떻게 시켜야 할까요?

아이가 영상을 즐겨봐서 그런지 남의 말을 알아듣는 능력이 많이 떨어집니다. 어떻게 도와줄 수 있을까요?

아이가 영상을 자주 보는 편이고, 듣기까지 어려워하는 것 같아 걱정이군요. 늦었다고 생각하지 말고, 지금부터라도 영상을 덜 보도록 지도해주시면 좋겠어요. 구체적인 방법 세 가지를 소개해드릴게요.

첫째, 정해진 시간에만 영상을 볼 수 있도록 제한해주세요. 아이 스스로 조절하기 어려우니 반드시 부모의 통제가 있어야 합니다. 영상을 아예 안 보는 날을 만들어 지키는 것도 좋아요.

둘째, 아이가 깨어있는 동안에는 부모도 영상을 보는 것을 자제해야 합니다. 엄마 아빠는 온종일 TV나 핸드폰만 들여다보면서 아이들에겐 보지 말라고 하면 설득력이 떨어져요. 부모가 먼저 모범을 보여야 합니다.

셋째, 건전한 취미 생활을 즐기도록 도와주세요. 동영상 시청이나 게임 말고, 아이가 무엇에 관심이 있는지 주의 깊게 살펴봅니다. 다른 관심사를 찾을 수 있도록 이것저것 색다른 경험을 함께 해보는 것도 좋습니다. 취미 활동은 여가를 알차게 보내게 해주고, 장기적으로 삶의 활력소가 되어 줍니다. 아이가 재미를 붙일 만한 취미를 찾도록 도와주고, 이를 적극적으로 지원해주세요.

스마트폰이 없으면 놀지 못하는 우리 아이, 어떻게 놀게 하면 좋을까요?

스마트폰이나 미디어를 통한 휴식은 엄연한 의미에서 제대로 된 놀이가 아닙니다. 될 수 있는 한 자유롭게 몸을 쓰며 바깥에서 뛰어놀 수 있도록 해주세요.

웹 서핑이나 게임에 빠져 다른 놀이에 흥미를 잃어버렸다면 '스마트폰 단식' 기간을 3일 이상 가지는 것이 좋습니다. 금단 증상을 겪을 수 있지만 신체활동 중심의 여가가 왜 중요한지, 왜 스마트폰이 아닌 다른 놀이를 즐길 수 있어야 하는지 아이와 충분히 이야기를 나눔으로써 놀이의 필요성을 알려주세요. 스마트폰 사용이 줄어 생긴 공백은 공놀이, 술래잡기, 배드민턴, 캠핑 등 가족이 함께 즐길 수 있는 신체활동 중심의 여가와 대화로 채워주세요.

선행학습을 하지 않으려면, 어떻게 공부하는 게 좋을까요?

아이가 학교에서 배운 내용을 주제로 가족들과 이야기하는 시간을 가져보세요. 왜 그렇게 되는지, 그 원리나 인과관계를 파악할 수 있는 질문을 던져서 사고의 폭을 넓혀주는 것이 좋습니다.

그리고 교과서의 내용을 단순히 예습하는 것보다 이전에 배웠던 지식을 이용해서 좀 더 난도 있는 응용문제를 풀어볼 기회를 많이 제공해주세요. 단 한 문제라도 어려운 문제를 혼자 풀어보는 경험이 중요합니다. 마지막으로 어떻게 문제를 풀었는지 가족이나 친구들에게 설명해보게 합니다. 말로 설명하는 활동은 공부한 내용을 내 것으로 만드는 데 많은 도움이 될뿐더러 아이의 논리력까지 높여줍니다.

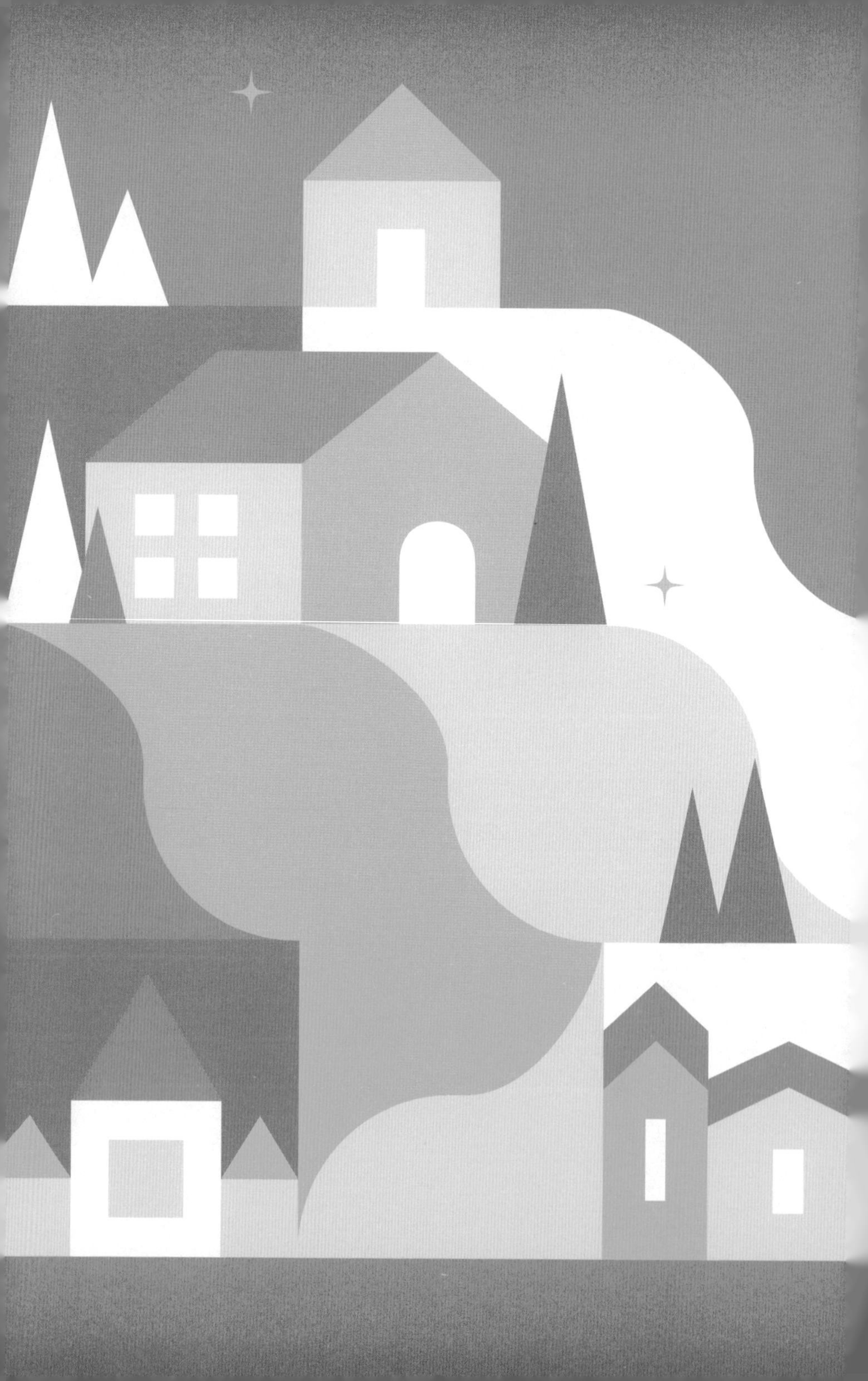

+ 2부 +

8인의 현직 교사가 강조하는
초등학생 때 꼭 길러야 할 이것!

4장

행복지수를 높이는
자존감 기르기

자존감에 대한 오해, 자존감 바로 알기

요즘 각종 포털 사이트나 커뮤니티에서 심심찮게 볼 수 있는 댓글이 있다.

'너나 할 것 없이 아이의 자존감만 중요시했더니 아이들이 앞뒤 분간 못하는 천둥벌거숭이로 자란다.'

'공감하고 존중해주는 육아를 했더니 자존감만 높아져서 자기 잘못은 잘 모른다.'

'요즘은 다들 자존감이 높아서 문제지.'

그 댓글 아래에는 순차적으로 같은 번호가 길게 달린다. 동조한다는 뜻이다.

그러나 이것은 자존감에 대한 오해다. 사람들은 자존감을 자신감 혹은 유아기 때의 전능감과 자주 혼동한다. 자존감은 흔히 말하는 '내가 최고야!', '내가 아니면 안 돼!' 하는 마음이 아니다. 자존감이 높은 사람일수록 자신의 단점을 객관적으로 보고, 그것을 극복하기 위해 노력한다. 어제보다 더 나은 내가 되기 위한 노력도 건강한 자존감에서 출발한다. 자존감이 부족한 사람일수록 자신에 대한 정당한 비판을 제대로 수용하지 못하고, 그저 '비난'으로 받아들인다. 잘못을 지적받는 것을 자기 존재에 대한 부정으로 여기기 때문이다. 나 자신을 온전히 용납한 적이 없기에 조그만 지적에도 뿌리부터 휘청인다.

우리 아이가 자신과 타인을 존중하고, 더 나아가 세상을 사랑하는 사람으로 자라기 위해서 자존감이 중요하다는 것은 너무나 당연한 이야기처럼 들린다. 문제는 자존감을 제대로 알 필요가 있다는 것이다.

자존감에 대한 대표적인 오해들

요즘은 '자존감'이 너무 흔하게 사용된다. 그만큼 오해도 많다. 자존감의 의미를 확실히 이해하고 있어야 시도 때도 없이 터지는 문제 상황 앞에 부모가 중심을 지키며 그때마다 지혜로운 판단을 할 수 있다. 다음은 많은 부모가 갖는 자존감에 대한 대표적인 오해들이다.

첫째, 자존감이 너무 높아도 좋지 않다. 이 말은 자존감에 대한 가장 흔한 오해다. 스스로 존중하는 마음이 큰 아이는 타인과 세상을 함께 긍정한다. 소위 '천상천하 유아독존', 즉 하늘 아래 나밖에 없듯 행동하는 아이는 오히려 연약한 자존감을 가진 경우가 많다. 자존감은 그 자체로 긍정의 의미이기에 너무 높은 자존감이라는 표현은 적절하지 않다.

둘째, 자꾸 '네가 최고야!'라고 말하면 아이의 버릇이 나빠질까봐 고민이다. 이것 역시 괜한 걱정이다. 자존감은 '내가 최고야!'라는 마음가짐이 아니다. 오히려 '최고가 아니어도 어때?'란 마음을 갖게 해주는 것에 가깝다. 어떤 상황에서든 나의 장점과 부족함을 그대로 받아들이고, 존재의 수용이라는 바탕 아래 더 나은 존재가 되려고 노력할 수 있는 건강함, 그것이 자존감이다. 존재 그대로를 용납한다는 것은 '최고'이거나 '최선'일 때 과하게 칭찬하는 것과는 완전히 반대 의미다. 인정받기 위해 착하게 행동하거나 성과를 보이지 않아도 될 때, 아이들은 자신과 타인을 있는 그대로 포용하고 존중한다.

셋째, 자존감을 높이기 위해서는 혼내면 안 된다. 절대 그렇지 않다. 건강한 자존감은 곧 '경계'를 아는 것이고, 이 경계는 어린 시절 부모가 분명히 가르쳐주어야 하는 것이다. 고영성 작가의 《부모 공부》에서는 심리학자 스메타나Smetana의 연구를 소개하는데, 이 연구에 따르면 지나치게 허용적인 부모 아래 자란 아이들의 자율성이 낮게 나타났다고 한다. 여기서 지나친 허용이란, 방임적인 태도에 가깝다. 일정한 경계의 테두리가 없으면 오히려 불안이 높아진다. 부모가 다양한 대안을 제시하고, 그 안에서 자신이 성취할 수 있는 한계를 깨달을 때 아이의 자존감과 자율성이 높아진다.

넷째, 자존감은 외부 상황에 따라 오르락내리락 변한다. 이 말은 맞기도 하고, 틀리기도 하다. 자존감은 분명 주변 상황이나 노력에 따라 달라질 수 있다. 문제는 결정적 시기인 학령기 때 형성된 자존감은 아이가 자라는 내내 지대한 영향을 끼친다는 점이다. 초등학교 때 형성된 건강한 자존감은 성인이 되어 환경이 어려워져도 거의 변하지 않는다.

다섯째, 자존감이 높은 아이는 쉽게 상처받지 않는다. 이것은 아이의 성향과 기질에 따라 다르다. 자존감이 높아도 심리적인 아픔이나 괴로움을 겪을 수 있다. 예를 들어 친구관계에 큰 관심이 없고 혼자인 것이 편한 아이가 있고, 사람들과 어울리길 유독 좋아하는 사회적 민감성이 높은 아이가 있다. 그러니 우리 아이가 친구관계에 유달리 신경 쓰고, 친구 문제로 슬퍼한다고 해서 자존감이 낮은 게 아니다. 이것은 자존감이 높고 낮음에 문제가 아니라, 아이가 지닌 성향과 기질이 더 크게 작용한다. 다만 자존감이 높은 아이는 '회복하는 속도'가 빠르다는 공통점이 있다. 회복탄력성이 높아 그 순간 상처받고 울 순 있어도 어렵지 않게 회복한다. 흙탕물을 가만히 두면 곧 맑아지듯 마음의 정화조가 자동화되어 있다고나 할까. 그러니 아이가 마음이 여려서 상처받는 것을 자존감과 연결해 심각하게 생각할 필요가 없다. 상처를 덜 받는 것보다 얼마나 잘 회복하는지가 관건이다.

여섯째, 자존감은 타고나는 것이다. 그렇지 않다. 자존감은 경험과 성장을 통해 형성된다. 아이의 자존감 형성에 가장 큰 영향을 미치는 것은 아이가 처음 만나는 대상인 '부모'가 맞다. 그러나 부모만이 아이의 자존감에 영향을 주는 것이 아니다. 선생님과 친구, 주변 사람들 모두가 영향을 미친다. 다양한 요인이 있는 만큼 이것들이 어떻게, 얼마나 영향을 미치는지 알 수도 없거니와 안다고 해도 완벽히 통제하는 것은 불가능하다. 중요한 것은 '오늘의 나'다. 부모인 우리가 컨트롤 할 수 있는 것은, 오늘 내 아이를 대하는 내 행동이 전부다. 사랑과 지지의 말, 따뜻한 눈빛, 경청 등 지금 당장 부모로서 내가 할 수 있는 것을 하면 된다.

자존감은 부모가 아이에게 줄 수 있는 가장 큰 선물

건강한 자존감을 가진 아이는 행복하다. 남다른 존재감으로 모든 일에 자신 있게 도전하고, 상처를 직면한다. 회복탄력성이 높아 방해물에 걸려 넘어져도 오뚝이처럼 잘 일어난다. 아울러 '나 자신'을 최고로 대할 줄 안다. '나'를 사랑하는 힘으로 타인과 세상을 긍정한다. 특별할 것 없는 하루하루를 축제처럼 신나게 산다. 에너지가 넘치며 '따로 또 같이'에 능하다.

초등학교 시절은 자존감 형성의 결정적 시기다. 그 어느 때보다 부모의 믿음과 응원이 아이의 마음에 촘촘히 새겨질 때다. 작지만 반복적인 성공 경험small-win과 건강한 실패 경험을 통해 마음의 근육인 자존감을 키워야 한다.

부모의 자존심과 아이의 자존감이 충돌할 때

"윤아 엄마, 혹시 모르고 있을 것 같아서 얘기해주는 건데, 윤아 오늘 담임선생님께 혼이 났대."

친구 엄마의 전화에 등줄기가 오싹해진다. 가끔 내 아이의 일을 다른 사람의 입을 통해 들을 때가 있다. 친분이 있는 학부모 모임에 속해 있다면 한 번쯤은 겪는 일이다. 친구 엄마의 말을 듣는 순간 우리 아이에 대한 안 좋은 소문이 일파만파 퍼져가고 전교생이 다 아는 문제아로 낙인찍힌 것 같은 불안이 밀려온다. '왜 나만 모르고 있었지?'라는 자괴감도 든다.

결론부터 말하자면, 담임교사가 직접 학부모에게 이야기하지 않은 것은 교실 안에서 지도할 수 있을 정도의 문제이기에 그런 것이다. 내가 직접 들은 것이 아니라면 신경 쓰지 말고, 그냥 쿨하게 넘겨도 괜찮다. 정 신경이 쓰인다면 선생님에게 넌지시 물어볼 수는 있지만, 과도하게 불안해할 필요는 없다. 특히 내 아이를 행동한 것 이상으로, 필요 이상으로 혼내는 과오를 범하지 말아야 한다.

부모가 초연할 수 없는 이유

부모가 가진 불안은 가슴 속에 휴화산처럼 잠복해 있다가 어느 순간 빵 터지고 만다.

"너는 왜 학교에서 있었던 일을 엄마한테 얘기를 안 해? 왜 네가 혼난 일을 다른 사람을 통해서 들어야 해!"

엄마는 아이를 다그친다. 행동에 대해 훈육하는 것도 있겠지만, 사실 그 기저에는 다른 사람이 나와 내 아이를 어떻게 볼지, 내 육아 방식이 잘못된 것은 아닌지 하는 불안이 더 크게 작용한다. 하지만 그 불안은 아이의 것이 아닌 온전히 내 것이다. 어른인 부모가 처리해야 할 감정을 아이에게 전가해서는 안 된다.

아이에게 화나 분노를 직접 표출하지 않더라도 이 불안은 엉뚱한 곳으로 튀기도 한다.

"책상에 이거 다 뭐야? 왜 이렇게 치우지를 않니? 내가 널 따라다니면서 치워줘야 하니?"

갑자기 청소와 청결 상태를 트집 잡거나,

"내일 준비물은 다 챙겼고? 아직도 안 한 거야? 네가 그러니까 선생님께 혼나지."

때로는 잘못한 것 이상으로 아이를 평가 절하한다거나,

"다른 아이들은 학원에서 몇 시간씩 앉아서 공부한다는데, 넌 학원도 안 다니면서 엄마랑 10분 공부하는 것도 이렇게 힘들어해? 네가 하는 게 뭐가 있다고!"

다른 아이와 비교하며 윽박지르는 것으로 아이의 마음에 큰 상처를 남길 때가 있다.

처음부터 내 아이를 다른 아이와 비교하며 상처 주고 싶은 엄마는 없다. 사랑하는 아이에게 감정적으로 소리치고 싶은 엄마도 없다. 엄마의 진심은 그것이 아니다. 그러나 '학부모'라는 타이틀이 붙는 순간, 이런 상황에 너나 할 것 없이 모두 취약해진다. 유아기 때와 다르게 학교는 내 아이를 평가받는 공동 집단의 성격에 가깝고, 학부모 관계 역시 단순하게 아이를 함께 키우는 관계라고 하기에는 다소 복잡한 성격을 띠기 때문이다. 학교생활의 동반자로 서로 교류하며 정보를 공유하는 사람들이지만, 동시에 내 아이의 객관적인 지표를 알게 해주는 공동 평가자의 속성도 지니고 있다. 결국 이런 미묘한 관계로 인해 아이가 초등학교에 입학하고 나면 엄마의 자존심과 아이의 자존감이 충돌하는 상황이 생긴다. 아무리 육아에 대한 소신과 철학이 뚜렷한 엄마라도 정도의 차이만 있을 뿐 모두 비슷하다.

"지금이 얼마나 중요한데, 이렇게 보내려고 해?"

맞는 말이다. 초등학교 시기는 정말 중요하다. '요이 땅!' 하고 시작되는 입시 레이스의 출발선이라서가 아니라, 초등 6년은 아이가 평생 가져갈 자존감이 길러지는 '골든타임'이기 때문이다. 이 시기가 자존감 형성에 결정적 시기라는 점에 많은 부모가 동의하지만, 여러 가지 외부 환경에 흔들려 우선순위에서 밀려나기 쉬운 게 현실이다.

부모의 자존심과 아이의 자존감 사이에서 중심 잡기

아이의 초등학교 생활과 맞물려서 일어나는 복잡한 상황에서 무엇보다 중요한 것은 부모의 가치판단이다. 이말 저말에 이리저리 흔들릴 것이 아니라 부모로서 명확한 판단의 기준을 세워야 한다. 이때 도움이 되는 실질적인 기준 몇 가지를 제시하면 다음과 같다.

첫째, 지금 아이에게 전달하는 것이 '메시지'인지 '내 감정'인지 민감하게 살펴야 한다. 분명 조언으로 시작했는데, 그게 1절에서 끝나지 않고 나도 모르게 2절, 3절로 이어져 폭풍 잔소리를 퍼붓는 일이 참 많다. 숙제를 미루는 아이에게 '성실함'의 가치를 알게 하려고 훈육을 하지만, 결국은 '그런 너로 인해 힘든 엄마'만 남고, 아이에게 전달하고자 한 가치는 쥐도 새도 모르게 사라져버리고 만다. 그러니 순간순간마다 이것이 정말 아이의 훈육을 위함인지, 내 화난 감정을 쏟아내기 위함인지 냉정히 판단해야 한다. 만약 후자로 무게 추가 기운다면 그 즉시 멈춰야 한다.

둘째, 불안과 초조한 감정의 주인이 누구인지, 누가 책임져야 하는지 냉정하게 파악해야 한다. 내 아이가 학습이 느린 것 같고, 성실함도 없는 것 같고, 어엿한 성인으로 자라나는 것이 너무 요원해 보일 때 부모는 한껏 불안한 마음에 아이의 미래를 구체적으로 상상한다. 그것도 아주 디테일하게 상황을 빌드업한다.

'지금도 저렇게 할 일을 안 하는데, 나중엔 어떻겠어?', '학교에서 혼난 걸 숨긴 거야? 지금도 이렇게 거짓말을 하는데, 나중에는

더 큰 일을 숨기겠지?'

그 순간 부모의 머릿속에는 어른이 된 아이가 허둥지둥대다 누군가에게 혼이 나는 장면이 펼쳐진다. 사소한 거짓말을 하던 아이가 집채만한 거짓말을 하는 어른으로 자란 모습이 보인다. 순식간에 두려움이 밀려든다. 그 감정을 떨치지 못하고 아이에게 전가하고야 만다. "너 도대체 앞으로 어쩌려고 그래!"

아이를 보고 비관적인 미래를 상상하는 것은 어디까지나 부모의 두려움에서 비롯된 것이다. 그것은 내 두려움이고, 내 감정이지 아이가 책임져야 할 감정이 아니다. 따라서 아이를 키우는 모든 상황에서 마주치는 두려움을 스스로 다스려야 한다.

셋째, 아이의 자존감에 씻을 수 없는 상처를 주면서까지 시켜야 할 것은 없다. 가장 대표적인 것이 '엄마표 학습'이다. 매일매일 엄마와 함께 셈하기나 글쓰기를 연습해서 하루 공부 루틴을 만드는 것은 분명 좋은 일이다. 아이에게 도움이 되는 것은 말할 필요도 없다. 그러나 매번 엄마와의 공부가 파국으로 끝난다면? 당연히 다시 생각해봐야 한다. 책상에 앉을 때마다 아이는 울고, 엄마는 붉으락푸르락 황소처럼 씩씩대며 '친자 인증(공부를 가르칠 때 열불이 터지면 내 자식이 100퍼센트 확실하다는 설)'을 하는 상황이라면 '엄마표 학습'으로 얻는 효용은 기대하기 어렵다. 오히려 아이의 공부정서를 망칠 뿐이다. 내 아이의 자존감에 씻을 수 없는 상처를 주면서까지 시켜야 할 학습은 없다. 아이를 위해 무엇이 더 중요한지 늘 잊지 않아야 한다.

넷째, 학부모 모임이 분노의 트리거가 된다면 과감히 패스하고 아이만 보자. 진짜 중요한 것은 그 자리에 있지 않다. 내 아이에게 정답이 있다. 스트레스를 받으며 모임에 참석하기보다는 내 아이를 가장 객관적으로 바라보는 담임교사와 협력하고 한 팀이 되자.

아이를 위해 무엇을 최우선에 두어야 하는지 바로 알고, 명확한 판단의 기준을 세울 때 계속해서 충돌하는 부모의 자존심과 아이의 자존감 사이에서 중심을 잘 잡을 수 있다.

초등 자존감을 키우는 다섯 가지 비법

초등학교는 자존감 형성의 결정적 시기이며, 부모의 양육 태도가 아이의 자존감 형성에 많은 영향을 준다는 사실을 잘 알고 있다 해도 현실은 녹록지 않다. 육아는 매일매일 당면해 해결해야 할 과제가 넘쳐나고, 아이가 커갈수록 고민의 스펙트럼은 종잡을 수 없이 커지기 때문이다. 아이가 어렸을 때는 먹는 것, 자는 것, 싸는 것이 고민의 전부였다면 지금은 친구관계, 여가, 학습, 독서, 방과 후 스케줄 등 신경 써야 할 것이 한두 가지가 아니다. 부모의 역할과 고민은 계속해서 더 깊고 짙어진다. 그래도 초등학교 시기만큼은 아이의 자존감을 매일매일 신경 써야 한다. 이때 형성된 자존감이 평생 유지되기 때문이다.

자존감 형성을 위해 놓쳐서는 안 될 초등학교 시기, 우리 아이의 자존감을 키우기 위해서는 어떻게 해야 할까? 알아두면 피가 되고 살이 될 다섯 가지 비법을 소개한다.

비법 하나, 아이가 직접 선택하고 책임지게 하기

그 어떤 아이도 모든 것을 부모 마음에 쏙 들게 잘할 수는 없다. 부모로서 아이의 시행착오를 견디는 것은 어려운 일이지만, 아이는 성공의 기쁨을 누리고 실패의 쓴맛을 보며 성장한다. 그러니 하나부터 열까지 아이 옆에 딱 붙어서 도움을 주기보다는 아이가 스스로 선택하고, 그 책임도 본인이 지게 해야 한다. 부모의 역할은 아이의 선택을 돕도록 몇 가지 방안을 마련하고, 각각의 선택에 따라 무엇을 책임져야 하는지 이야기를 나눠보는 것으로 충분하다. 초등 아이에게 어떤 선택권을 줄 수 있는지 다음 예시를 통해 알아보자.

	친구와 놀기	도서관에서 책 읽기	숙제하기
장점	즐겁고, 시간이 빨리 간다.	읽고 싶은 책을 마음껏 읽을 수 있다.	할 일을 미리 해놓을 수 있다.

단점	저녁 시간에 TV를 보는 대신 할 일을 해야 한다.	친구와 놀 수 없다.	지루하다. 친구와 놀 수 없다.
책임질 부분	친구와 논 만큼 집에 돌아와서는 숙제하고, 책을 읽는다.	도서관에서 돌아온 뒤 숙제를 하고, 하고 싶은 것을 한다.	하고 싶은 일을 하거나 책을 읽는다.

이 외에도 '내가 할 집안일 정하기', '주말 계획 세우기' 등 다양한 상황에서 아이에게 선택권을 줄 수 있다. 이때 아무런 조건 없이 선택권을 주는 것보다는 적절한 범위와 한계를 정해주고, 그 안에서 선택하게 하는 것이 아이의 자율성을 길러주는 데 훨씬 효과적이다.

준비물 알아서 챙기기, 혼자 등교하기, 스스로 공부할 범위를 정하고 꾸준히 실행하기, 시간을 정해 집에 혼자 있어 보기 등 아이에게 맞는 과제를 촘촘하게 짜보자. 이때 현재 아이의 능력에서 약간 어려운 과제를 제공하는 것이 좋다. 딱 한 걸음 더 앞으로 나갈 수 있는 과제를 제시하여 작은 성공 경험이 계속해서 쌓일 수 있게 해야 한다.

비법 둘, 아이에게 실패할 기회 주기

　요즘 엄마들의 이상형은 '알파맘'이다. 아이와 관련한 모든 일에 판을 짜고, 자신이 가진 정보를 총동원해 아이를 체계적으로 지도하고 관리한다. 마치 아이의 인생에서 현역으로 뛰고 있는 코치 같다고 할까. 알파맘은 학업뿐만 아니라 인성, 놀이, 운동을 배합해 최고의 조합을 만들어낸다. 그뿐 아니라 한 달, 한 학기, 1년, 10년의 계획을 토대로 아이의 오늘 할 일을 결정한다. 꼭 필요한 일만 남기고, 나머지는 가지치기하는 식으로 아이의 생활을 조율한다. 이런 '잘 깔아준 꽃길' 때문에 아이는 실패할 틈이 없다.

　부모라면 누구나 아이의 실패를 지켜보기 힘들다. 내 아이를 너무 사랑하기 때문이다. 아이가 상처받지 않게 친구와의 갈등도 해결해주고 싶고, 성적이 떨어지는 것도 막고 싶고, 선발에 꼭 뽑히게 해주고도 싶다. 그러나 부모가 할 일은 아이가 갈 길을 앞서가며 실패할 요인을 하나하나 치워주는 것이 아니다. 아이는 '실패'에서 배운다. 부모의 역할은 실패를 경험한 아이가 돌아와 안길 품을 내어주는 것으로 충분하다. 초등 아이가 흔히 겪는 실패 상황과 그것으로 인해 무엇을 배울 수 있는지 다음 예시를 통해 구체적으로 알아보자.

실패 상황	실패를 통해 배우는 것
시험 성적이 떨어진다.	공부법을 수정한다.
친구관계에 어려움을 겪는다.	문제를 해결하기 위해 노력한다.
할 일을 자꾸 미루다 낭패를 본다.	미루는 습관을 고치고, 미리 준비하는 습관을 기른다.
준비물이 없어 좋아하는 미술 활동에 참여하지 못했다.	전날 준비물을 스스로 챙긴다. 깜빡했다면 미술 시간 전에 준비물을 빌린다.
게임을 하다 늦게 자서 지각했다.	게임 시간을 지키고, 일찍 잠자리에 든다.

"우리 아이가 불편해하니 그 친구와는 떨어져 앉게 해주세요.",
"제가 준비물을 못 챙겨준 거니 우리 아이를 혼내지 말아주세요."
라는 부모의 말은 아이에게서 건강한 실패를 경험할 기회를 치워
버리는 것이다.

아이는 해보고 느낀 만큼 변한다. 실패를 통해 자신의 행동을
되돌아보고, 더 좋은 해결방법을 찾아내고, 넘어져도 다시 일어날

힘을 기른다. 그 과정에서 자기 자신에 대한 데이터베이스가 쌓이며 자존감이 높아진다.

유대인들은 아이가 실수하면 웃으면서 "마잘톱!"이라고 외친다고 한다. 우리말로 "축하해!"라는 뜻이다. 아이가 실수에서 배울 좋은 기회라고 생각하기 때문이란다. 아이의 실수에 따뜻한 응원의 말을 건네는 유대인들처럼 우리도 아이에게 마음껏 실패하고 실수할 기회를 주자. 초등학교 때는 든든한 부모님의 품 안에서 '얼마든지 안전하게 실패해도 될 시기'임을 기억하자.

비법 셋, 실패를 긍정적으로 해석해주기

자녀교육 전문가인 조선미 박사는 《영혼이 강한 아이로 키워라》에서 실패의 중요성을 강조한다. 그는 실패를 극복하는 것을 '좌절 백신을 맞게 하는 것'이라 말한다.

부모는 아이가 실패를 잘 극복할 수 있도록 실패를 긍정적으로 해석해주어야 한다. 그것에 담긴 의미가 아이의 영혼에 스며들게 해야 한다. 아이는 부모의 반응을 보고 세상을 해석하고, 실패에 대응하는 법을 배운다. 그러니 아이의 실패를 비난하는 이런 말은 절대 해서는 안 된다.

- 그럴 줄 알았어! 놀 때부터 알아봤다.

- 이렇게 할 거면 아예 하지 마!

- 지금도 이러는데 나중에 어쩌려고 그래!

비난받은 아이는 과정을 개선할 의지를 잃어버린다. 나 자신을 방어하기 위해 아무것도 듣지 않고, 자신의 잘못도 인정하지 않는다. 실패의 원인을 찾아보려 하지 않고, 그저 상황을 회피하려고만 한다. 부모가 실패를 안전하게 받아들이지 못하고 화를 내면 아이 역시 실패 앞에 분노하는 사람으로 자란다.

다르게 생각하면 아이가 실패한 순간은 자녀에게 전해주고 싶은 삶의 메시지가 가장 잘 스며들 수 있는 절호의 기회이기도 하다. 예전에 〈선생님, 질문있어요〉라는 방송 프로그램이 있었다. 방송에서 토론 주제를 제시하면 학생들이 전화를 걸어 자기 의견을 이야기하는 프로였다. 방송을 보다가 자막에 띄워진 '700'으로 시작하는 번호로 전화를 걸었고, 생각과 다르게 바로 연결됐다. 갑작스럽게 연결된 탓에 의견을 제대로 말하지 못하고 두서없이 이야기하다가 전화를 끊을 수밖에 없었다. 평소 발표만큼은 자신 있었기에 그때의 실수가 큰 실패처럼 느껴졌다. 수화기를 내려놓고 풀이 죽어있는 내게 엄마는 이렇게 말씀하셨다.

"방송을 보고 직접 전화를 걸다니, 정말 기특한걸. 보통 겁나서 시도하지도 못할 텐데. 이렇게 한번 해봤다는 게 정말 대단한 거야. 이제 언제든 또 할 수 있는 자신감이 생겼을 테니까."

엄마의 말은 내게 큰 울림으로 다가왔다. 엄마의 말에 힘을 얻어 다음 방송에서 자신 있게 내 의견을 발표할 수 있었다. 이렇듯 부모가 주는 메시지는 정말 강력하다. 부모가 해석한 대로 아이 역시 자기 인생과 세상을 해석한다.

비법 넷, 몰입하게 해주기

서울대 황농문 교수는 〈세상을 바꾸는 시간 15분〉 강연에서 몰입의 기쁨에 대해 말하며, 몰입이 곧 행복한 최선이라고 밝혔다. '몰입Flow'은 지금 하는 일에 푹 빠져 무아지경에 이르는 상태로 우리는 다른 것에 마음을 빼앗기지 않고 과정에 집중할 때 충분한 만족과 기쁨을 맛본다.

모든 아이는 몰입의 귀재이자 놀이의 천재들이다. 하고 싶은 일을 마음껏 하도록 두면 몇 시간이고 집중한다. 이때 중요한 것은 몰입에 필요한 '충분한 시간'이다. 아이가 무언가에 집중하고 탐색해볼 절대적인 시간이 있어야 한다. 엄마가 정한 아이의 스케줄이나 사교육이 꼭 나쁜 것만은 아니다. 문제는 아이의 하루가 옴짝달싹할 수 없을 정도로 꽉 채워지는 데 있다. 어른도 온종일 밖에서 시달려 파김치가 되었을 때는 머리를 써야 하는 긴 호흡의 영화에는 몰입이 잘 안 된다. 아이들도 마찬가지다. 지나치게 많은 스케줄과 학원 숙제를 처리하느라 몸의 배터리가 방전 상태에 가까워지면 건강한 몰입이 어렵다. 즉각적인 즐거움을 주는 게임이나 자극적인 영상만 즐겨 보게 된다.

요즘 아이들에게는 몰입할 시간이 절대적으로 부족하다. 게다가 온갖 자극적인 콘텐츠의 범람으로 양질의 몰입 역시 경험하지 못한다. 여유 시간이 충분한 아이들은 건강하게 몰입할 것을 찾아낸다. 아이들에게 몰입할 마음의 여유와 시간을 내어주고, 자기 삶의 주인 자리를 돌려줄 때 건강한 자존감이 형성된다.

비법 다섯, 부모가 아이 인생의 롤모델이 되기

리처드 링클레이터Richard Linklater 감독의 〈보이후드〉란 영화는 부모의 '빈 둥지 증후군empty nest syndrome'을 잘 보여준다. 영화 속에서 엄마 올리비아가 자녀가 독립해 집을 떠나고 난 뒤 아무것도 남지 않았다고 오열하는 장면은 단연코 압권이다. 우리도 그럴 수 있다. 올리비아처럼 내 인생에는 아무것도 남지 않았다고 말하기 전에 부모인 나부터 바로 세워야 한다.

비행기가 이륙하기 전에 안내받는 안전 수칙을 보면 유사시 산소마스크를 본인이 먼저 착용하고 아이에게 씌워 주라고 나온다. 보호자가 정신을 잃으면 아이를 도울 수 없기 때문이다. 부모인 우리가 먼저 삶을 사랑하고 누릴 때 내 아이도 그러하다. 엄마 아빠의 하루가 따뜻하면 아이의 하루도 따뜻하다.

아이는 부모의 말과 행동, 태도를 통해 삶을 배운다. 그렇기에 부모는 아이가 가장 닮고 싶은 '그 한 사람'이어야 한다. 아이에게 "엄마 아빠처럼 행복하게 살아."라고 당당히 말할 수 있으려면 스스로 삶을 즐기고 사랑하는 모습을 보여주어야 한다. 내가 좋아하는 것을 소중히 여기고 그것을 지켜나가는 모습을 보여주는 것, 나 자신을 아끼고 사랑하는 모습을 보여주는 것만으로 아이에게 건강한 자존감을 선물할 수 있다.

마르지 않는 마음의 힘, 자존감

다섯 가지 비법을 한마디로 말하면 '아이의 자존감을 매일매일 신경 써야 한다'는 것이다. 오늘 하루 어떤 눈빛을 보내고 어떤 표정으로 말했는지 세심히 살피면서 아이에게 어떤 잠재적 메시지를 심어주었는지 치열하게 고민해야 한다. 마음이 행복한 아이로 자라면 좋겠다고 해놓고, 오늘 아이에게 준 메시지가 실상 '짜증과 못마땅함'은 아니었는지 나 자신을 돌아봐야 한다. 자존감이 높은 아이 뒤에는 아이를 믿고 지지해주는 부모가 있다.

자존감의 힘을 알면 대한민국에서 학부모가 아닌 부모로 살아갈 용기를 낼 수 있다. 함부로 흔들리고 휩쓸리지 않는다. 목적이 분명하기에 선택이 어렵지 않다. 아이와 부모가 함께 행복해진다. 우리 아이들이 건강한 자존감을 바탕으로 자신과 타인을 존중하고, 삶을 숙제가 아닌 축제로 살아갈 수 있길 바란다.

믿을만하니까 믿는 게 아닌
믿어줘야 자라는 아이들

한때 유행하던 드라마 속의 이런 대사가 있었다. "어머님, 저를 전적으로 믿으셔야 합니다." 이 말을 빌려 이렇게 말하고 싶다. "어머님, 아이들을 전적으로 믿으셔야 합니다."

부모와 교사가 아이에게 보이는 믿음은 아이의 성장에 가장 큰 원동력이 된다. 아이의 능력이 부모와 교사의 기대만큼 높지 않더라도 아이는 그 믿음에 부응하기 위해 노력한다. 그리고 그 노력은 아이를 어떤 방식으로든 반드시 성장시킨다. 만약 기대에 부응할만한 능력이 있는 아이라면 부모와 교사의 믿음은 아이가 자신의 역량을 충분히 발휘할 수 있는 계기가 된다. 이것이 가능한 이유는 어린아이들은 주변 어른의 믿음과 실제 자신의 능력을 동일시하기 때문이다.

실제로 자기 몸길이의 약 이백 배를 뛸 수 있는 벼룩은 유리병에 하루만 갇혀 있어도 유리병 높이 이상을 뛰지 못한다고 한다. 유리병 뚜껑에 부딪히며 자신의 한계를 미리 설정해버리는 것이다. 아이를 향한 부모와 교사의 믿음도 마찬가지다. 아이들은 어른들이 믿어준 만큼 자란다. 그 믿음이 단단할수록 아이들은 더 튼튼하게 자랄 수 있다.

가끔 상담 중에 아이의 부정적인 면만 강조해서 이야기하는 부모님들이 있다. 물론 아이를 걱정하는 마음에서 하는 말씀이겠지만, 혹여 부모님의 이런 마음이 아이에게 그대로 전달되지는 않을까 하는 걱정이 들 때도 있다. 그럴 땐 이렇게 묻는다.

"아이를 믿으시나요?"

백이면 백 '믿는다'는 대답이 돌아올 것 같지만, 아니다. "아이가 믿을만해야 믿죠."라고 대답하는 경우가 종종 있었다. 그러나 세상에 태어날 때부터 믿음직스러운 아이는 없다. 아이를 있는 그대로 믿어주는 부모가 있을 뿐이다.

부모의 믿음

학기가 시작되면 기초학력이 떨어지는 학생들을 모아서 방과후 수업을 한다. 수업에 앞서 학부모님들께 이렇게 말한다. "지금은 부족하지만, 열심히 노력하면 충분히 잘할 수 있어요." 이때 부모님들의 반응은 극과 극이다. 가정에서도 열심히 지도해서 아이가 수업을 잘 따라가도록 함께 노력하겠다는 분과, 우리 아이는 원래 좀 느리고 부족한 아이라며 어쩔 수 없다는 분으로 나뉜다. 여기서 놀라운 것은 부모님의 갈린 반응만큼이나 달라지는 아이들의 실력이다.

학기 초엔 분명 비슷한 출발점에 서 있었는데 학기가 끝날 무렵에는 그 결과가 확연히 다르다. 부모님이 믿어준 아이들은 실력이 쑥쑥 자라있지만, 부모님이 못 미더워한 아이들은 방과 후 수업을 시작할 때와 비교해서 달라진 게 거의 없다. 분명 비슷한 수준의 학생들이, 같은 수업을 들었는데 결과는 천지 차이로 다르게 나타나는 것이다.

아이들은 믿어주는 대로, 믿어주는 만큼 자란다. 능력의 차이를 떠나 부모가 아이를 어떻게 바라보느냐에 따라 아이들은 얼마든지 달라질 수 있다. 아이들은 부모의 믿음을 쉽게 저버리지 않는다.

교사의 믿음

그래서 아이들을 향한 교사의 믿음도 중요하다. 어렵고 힘든 상황을 마주한 아이들에게 늘 이렇게 말해준다. "선생님은 네가 잘 해낼 거라고 믿어. 선생님이 믿는 거 알지?" 처음에는 어색한 웃음만 짓던 아이도 이런 주문 같은 말에 익숙해지면 나중에는 선생님의 기대를 저버리지 않으려고 열심히 노력한다.

1학년을 처음 맡은 해였다. 우리 학급에 '1인 1역할'을 도입하고 싶어 동료 선생님들께 조언을 구했다. 선생님들은 입을 모아 1학년은 조금 어렵긴 하지만 역할의 난이도만 조절해준다면 충분히 할 수 있다고 말씀해주셨다. 그래서 일단 학급에서 자신이 하고 싶은 일을 정해보도록 했다. 교실 전등 스위치를 끄는 일, 화분에 물을 주는 일, 책꽂이에 책을 정리하는 일 등 아이들은 신이 나서 저마다 하고 싶은 일을 골랐다. 물론 처음 한 달은 자신이 해야 할 일을 새까맣게 잊거나 제대로 안 하기 일쑤였다. 시간도 오래 걸렸다. 하지만 점차 자신의 역할을 제대로 수행하기 시작했다. 우려와 달리 맡은 일을 훌륭하게 해냈다.

사실 교사들은 새 학기가 시작되는 첫날 교실을 둘러보면 성실하고 똑 부러지는 아이가 누군지 한눈에 알 수 있다. 소위 '믿을만한' 아이들이다. 하지만 교사는 '믿을만한' 아이들에게만 믿음을 주지 않는다. 모든 아이를 믿고, 모두가 '믿을만한' 아이로 자랄 수 있게 노력한다. 그러나 이것은 교사의 믿음과 노력만으로는 부족하다. 부모와 교사의 믿음, 둘 중 어느 하나도 모자라서는 안 된다.

교사와 학부모는 한 아이를 어엿한 성인으로 키워내는 목표를 가지고 이인삼각 경기를 하는 중이다. 누구 하나라도 목표를 잃거나 방향을 틀면, 이 경기는 완주하기 힘들다. 이 특별한 이인삼각 경기가 보통의 경기와 다른 점은 저마다의 결승점이 다르다는 것이다. 그러니 다른 팀을 앞지르기 위해 무리해서 빨리 뛸 필요가 없다. 한 팀인 파트너를 믿고, 같은 곳을 향해 같은 속도로 경기에 임하면 된다. 앞으로 교사들과 손을 맞잡고 이 특별한 이인삼각 경기를 함께할 학부모가 많아지길 기대한다.

넘어져도 일어나는 그 아이의 비밀,
자존감 깊이 알기

아이가 실패하면 자존감이 낮아질 텐데, 부모가 실패를 최대한 줄여주는 게 맞지 않을까요?

실패를 경험한다고 해서 아이의 자존감이 낮아지는 것은 아닙니다. 부모의 울타리 안에서 안전한 실패를 경험할 때 아이는 자신에 대한 데이터베이스를 차곡차곡 쌓고, 자신을 더 잘 알게 되죠. 특히 실패를 극복한 경험은 '작은 성공의 경험'으로 치환되어 자기효능감을 높이는 데 도움을 줍니다. 그러니 중요한 것은 부모가 실패를 어떻게 해석해주고, 아이가 그 경험을 자기 인생에 어떤 메시지로 받아들이느냐입니다. 한 번도 실패하지 않았다는 것은 배운 것이 없다는 말과 같거든요.

자존감 형성의 결정적 시기가 초등이라는 말을 들었습니다. 그런데 저희 아이는 고학년이고, 부모인 제가 보기에 자존감이 낮아 보여요. 이미 늦은 건 아닌지 많이 걱정됩니다.

초등 시절이 건강한 자존감 형성의 토대이자 결정적 시기인 것은 맞습니다. 비슷한 개념으로 '민감기Sensitive Period'라고 하지요. 민감기는 특정한 능력이나 기술을 발달시킬 준비가 가장 잘 이루어지는 때를 말합니다. 즉 초등 때 자존감을 형성하기에 가장 좋은 시기라는 거지, 초등이 지나면 자존감을 높일 수 없다는 이야기가 아닙니다. 성인이 되어서도 얼마든지 노력에 따라 달라질 수 있어요. 다만 어린 시절 형성된 건강한 자존감은 성인이 되어서도 주변 환경에 큰 영향을 받지 않는다는 뜻이지요.

사실 아이의 자존감이 높을지 낮을지는 딱 잘라 설명할 수도 없고, 애써 설명할 필요도 없습니다. 중요한 것은 자존감 점수가 아니라 '지금, 여기서, 오늘, 내가' 부모로서 해야 할 일이 무엇인지 생각하고, 그것을 매일매일 실천하는 일이에요. "아휴, 결정적 시기를 놓쳤네. 어쩔 수 없지."라고 손 놓고 있을 거 아니잖아요? 지금 내가 할 수 있는 가장 최선의 것을 하면 됩니다.

아이에 대한 신뢰가 없는데, 믿는 척이라도 해야 하나요?

네. 처음에는 아이를 믿는 척이라도 해보세요. 아이는 분명 부모의 믿음에 반응합니다. 한두 번 믿음을 보여준다고 해서 아이가 단번에 바뀌기를 기대하지 마세요. 그건 욕심입니다. 그러나 부모가 계속해서 아이에게 믿음을 보여주면 아이는 분명히 바뀝니다. 예를 들어 아이가 숙제를 하지 않을 때마다 계속 혼만 내는 것과 할 수 있다는 믿음을 함께 보여주는 것은, 그 결과가 완전 다릅니다. 믿음과 기대 없이 오로지 혼만 난 아이는 '나는 원래 혼나는 아이야. 내일도 혼나고 말지, 뭐.'라는 생각으로 자포자기하기 쉽습니다. 그러나 부모가 믿어준 아이는 처음엔 한 줄 다음엔 두 줄, 이런 식으로 속도는 느려도 결국 숙제를 완수해냅니다.

아이에게 믿음의 주문을 거는 '마법의 문장'

· 넌 할 수 있어!

· 와, 오늘은 이만큼이나 했구나! 내일은 조금만 더 해보자.

· 내일은 오늘보다 더 멋진 아이가 될 거야!

· 약속을 지키려고 노력하는 모습이 정말 멋지다!

· 네가 변화하는 모습을 보면 정말 행복해.

5장

스스로 공부하는 힘의 원천인
자율성 기르기

우리 아이 자율성 키우기 로드맵

엄마에게는 용기가 필요하다. 아이를 향한 과한 기대와 욕심을 내려놓을 용기가 필요하다. 다른 사람들이 뭐라고 하든, 세상이 어떻게 흘러가든 자녀 교육관을 정립하여 굳건히 내 길을 가겠다는 뚝심이 필요하다. 그리고 그 길에서 우리 아이가 조금씩 성장해나갈 것이며 언젠가 가지고 있는 역량을 마음껏 펼칠 날이 올 것이라는 믿음이 필요하다.

학교에서 학생들을 가르치며, 가정에서 아이들을 돌보며 '좋은 것을 많이 주기'보다는 '나쁜 것을 주지 않으려'고 노력한다. 많은 육아서를 읽고, 교육 전문가가 나오는 TV 프로그램을 꼬박꼬박 챙겨 보고, 주변 엄마들의 이야기를 듣다 보면 아이를 키우는 일이 막막하게 느껴진다. 시간과 에너지는 한정적인데 해야 할 일은 너무 많기 때문이다. 이럴 땐 관점을 달리하는 게 좋다. 아이에게 좋다는 걸 하나도 빠짐없이 챙기려 애쓰지 말고, 뚝심을 발휘하여 아이가 삶을 살아가는 데 있어 꼭 필요한 기본적인 것만 챙기는 것이다.

요즘 '꽃길만 걷기를'이라는 말이 유행이다. 내 아이가 좋은 것만 보고, 배우고, 경험하며 탄탄대로를 걷길 바라는 것은 부모라면 누구나 갖는 바람일 것이다. 하지만 어른인 우리는 경험으로 이미 알고 있다. 인생에는 꽃길만 있지 않다는 것을. 평탄한 길을 걷다가 갑자기 오르막길을 만나기도 하고, 가시덤불을 헤쳐나가기도 하며, 때로는 도저히 건널 수 없을 것 같은 거대한 강줄기를 만나기도 하는 것이 인생이다. 이런 인생을 살아갈 아이가 필수적으로 갖추어야 할 능력이 있으니, 바로 '자율성'이다.

자율성이란 아이가 삶의 주체가 되어 자기 일을 스스로 선택할 기회를 얻고, 무언가를 결정하는 경험을 통해 후천적으로 길러지는 능력이다. 나이를 먹는다고 해서 저절로 길러지는 능력이 아니다. 특히 초등학교 6년은 아이들이 부모로부터 정신적·신체적으로 독립해 스스로 정체성을 찾아가는 시기다. 초등학교 때 자율성을 키우지 못한 아이는 중·고등학교 시기에 사춘기를 겪으며 정체성을 정립하는 데 어려움을 겪을 수 있고, 학습과 생활 전반에 걸쳐 무기력한 모습을 보일 수 있다. 반면에 자율성이 높은 아이는 어려운 일을 겪더라도 '내 문제는 내가 해결할 수 있다'는 자신감과 높은 자기효능감을 바탕으로 잘 헤쳐나갈 수 있다.

초등 6년의 시기, 우리 아이의 자율성을 키워주기 위해 어떻게 하면 좋을지 세 단계로 나누어 알아보자.

초등 저학년, 자기관리 능력 갖추기부터!

1학년 주호는 야무지고 적극적인 태도로 새 학기 첫날부터 눈에 띄는 아이였다. 강당에서 입학식을 끝내고 부모님과 떨어져 교실로 이동하느라 복도에 잠시 서 있을 때였다. 아무도 시킨 사람이 없는데도 주호는 자기 신발장에 신발을 넣고 실내화로 갈아 신었다. 그런 주호의 행동을 보고 다른 아이들도 덩달아 신발을 벗고 실내화로 갈아 신기 시작했다.

하나를 보면 열을 안다고 했던가. 주호는 생활 전반적인 면에서 자기관리 능력이 탁월했다. 늘 아침 일찍 등교하여 시간표를 보고 교과서를 준비한 뒤 자신만의 시간을 가졌다. 책을 읽을 때도 있었고, 그림을 그릴 때도 있었다. 주호의 자기주도성은 놀이 시간에도 빛났다. 저학년 아이들은 놀이 시간이 주어져도 무엇을 해야 할지 몰라 가만히 자리에 앉아있거나, 앞으로 나와 "선생님 무얼 해야 할지 모르겠어요."라고 도움을 청하는 경우가 많다. 그러나 주호는 달랐다. 놀이 시간에도 늘 생기가 넘쳤다. 어떤 날은 친구와 그림을 그리며 이야기책을 만들기도 하고, 친구와 함께 퀴즈 문제를 풀기도 했다. 자투리 시간도 허투루 쓰지 않고, 다양한 활동을 주도하며 알차게 보냈다.

학부모 상담 기간에 주호 어머님께서 학교로 찾아오셨다. 주호의 학교생활을 이야기하며 아이가 참 야무지고 자기 할 일을 스스로 한다며 칭찬했다. 그리고 넌지시 가정에서 어떻게 교육하시는지 여쭈어보았다. 역시나 주호는 집에서도 자기 할 일을 알아서 하는 기특한 아들이었다. 교사이자 같은 엄마로서 놀랐던 점은 주호 어머님이 '워킹 맘'이었다는 사실이다.

주호 어머님은 직장을 다니면서 아이를 살뜰히 보살필 여력이 안 돼서 주호가 어렸을 때부터 웬만한 건 혼자 할 수 있게 가르쳤다고 하셨다. 유치원에 다닐 때부터 아침에 일어나서 씻고 옷을 입는 것, 밥을 먹고 뒷정리를 하는 것, 유치원 가방을 챙기는 것

등 아이 혼자서 충분히 할 수 있는 것을 3년간 꾸준히 연습시켰다고 했다. 지금은 제 할 일을 알아서 잘하는 주호의 모습에 믿음이 생겨서 하교 후 학원 수업을 뺀 나머지 시간을 온전히 주호의 몫으로 남겨두셨단다. 어머님의 이야기를 들으며 주호가 또래 친구들에 비해서 자율성이 뛰어난 이유를 알 수 있었다.

저학년 아이들은 알림장을 제대로 확인하지 못해 숙제를 해오지 않거나 준비물을 챙겨오지 못했을 때 "엄마가 안 챙겨줬어요.", "하려고 했는데 아빠가 그냥 자라고 했어요."라며 부모님 핑계를 자주 대곤 한다. 그럴 때면 교사는 학교에 다니는 것은 부모님이 아니라 너 자신이라는 점을 상기시켜준다. 물론 아이의 억울함이 이해가 되지 않는 것은 아니다. 다 나름의 사정이 있었을 것이다. 하지만 저학년 시기에 꼭 갖추어야 할 '자기관리 능력'을 키우기 위해서는 학생으로 하여금 학습의 주체가 '나'라는 것을 인식시키고, 자기가 한 행동에 대한 책임 또한 자신이 져야 하며, 행동이 달라져야 하는 주체도 '나'라는 것을 가르쳐야 한다. 교사는 이렇게 아이가 스스로 설 수 있도록 교실 환경을 조성하는 데 힘을 쏟는다.

당연히 가정에서도 아이의 자율성을 키워주기 위한 노력이 필요하다. 초등 고학년 학부모 상담 시간에 "선생님. 저희 아이는 손이 너무 많이 가요.", "저희 아이는 스스로 할 줄 아는 게 하나도 없어요."라고 한탄하시는 분들을 가끔 만난다. 이런 경우 백이면 백 초등 저학년 내내 아니 중학년 때까지 어린 자녀가 못 미더워서 알림장, 숙제, 준비물 등을 하나부터 열까지 챙겨주신 분들이다. 그런데 중학년이 훌쩍 지나서 제 할 일을 스스로 못하는 아이가 답답하다고 다그치니 아이 입장에서는 억울할 따름이다. 말하지 않아도 지금까지 다 해주다가 갑자기 "이것도 혼자 못 해?"라고 화를 내니 말이다.

혼자서도 할 수 있다는 믿음 아래 자율적인 가정 환경을 조성해줄 때 아이의 자기주도성이 길러진다. 아이들은 스스로 목표를 세우고, 그 목표를 달성하는 과정에서 재미, 기쁨, 뿌듯함과 같은 긍정적인 기분을 느낀다. 여기서 자기효능감과 '내 삶의 주인은 나!'라는 삶에 대한 주체 의식이 싹트는 것이다. 자율성은 어느 날 갑자기 하늘에서 뚝 떨어지는 능력도, 일정한 나이가 되었을 때 저절로 생기는 능력도 아니다. 부모의 의도적인 환경 조성과 수많은 시도 과정에서 실패와 성공의 경험을 쌓아 올려야 키울 수 있는 능력이다.

저학년 아이들은 뭐든지 내가 우리 반에서 제일 잘한다는 허세가 넘친다. "엄마, 내가 우리 반에서 종이접기를 제일 잘해!", "선생님, 제가 잘할 수 있어요! 제가 할게요!" 늘 자기애와 자신감이 넘치는 아이들을 보고 있으면 웃음이 절로 난다. 이렇게 자신감과 의욕이 넘치는 초등 저학년 시기는 아이의 자율성을 키울 수 있는 절호의 기회다. 이 황금 같은 시기에 부모가 아이들의 할 일을 대신하는 것만큼 비효율적인 일이 또 있을까.

초등 중학년, 일상의 결정권을 갖기

3학년 연서는 선생님이 하지 말라고 하는 것은 절대 하지 않고, 학교 규칙을 어기는 법이 없는 그야말로 모범생의 표본 같은 아이였다. 연서 부모님은 그런 연서를 키우며 육아가 참 수월했다고 하셨다. 주변에 또래를 키우는 다른 사람들로부터 부러움의 시선도 많이 받았다고 한다. 하지만 교사의 시선에서는 조금 우려되는 부분이 있었다.

3학년이 되면 아이들이 학교생활에 많이 익숙해지고 자율 욕구가 커지는 시기이기 때문에 어떤 활동을 할 때 아이들에게 전체 과정을 일일이 안내하기보다는 일정 부분은 아이들에게 맡겨 자유롭게 활동할 수 있도록 지도한다. 그런데 연서는 이 부분에서 어려움이 있었다. 안내에 따라서 성실히 수행할 때는 아무런 문제가 없었지만, 그렇지 않을 때는 자주 선생님 자리로 와 "어떻게 해야 할지 모르겠어요."라며 불안해했다. 친구들이 각자 알아서 자기 학습에 몰입한 순간에도 연서는 한참을 가만히 있다가 교사가 여러 가지 활동 예시를 들어주면 그제야 겨우 활동을 시작하고는 했다.

2학기 상담 때 연서 부모님께 연서의 이런 모습을 알리고, 교사로서 우려되는 점을 말씀드렸더니 부모님께서도 공감해주셨다. 그렇지 않아도 지난 방학에 연서 친구들이 집에 자주 놀러 왔는데, 그때 또래 아이들이 어른의 도움 없이도 혼자서 자기 일을 척척 해내는 모습을 보고 많이 놀랐다고 하셨다. 그간 시키면 시키는 대로 잘 하는 연서가 참 착하다고만 생각했었는데, 그게 꼭 좋은 것만은 아니라는 걸 깨달았다는 것이다. 상담 후에 교사는 교실에서, 부모님은 가정에서 연서가 좀 더 자율성을 키울 수 있도록 환경을 조성해주고, 여러 가지 노력을 기울이기로 했다.

아이를 양육하다 보면 육아의 '수월성' 측면에서 아이를 판단하게 되는 때가 있다. 부모님 말을 잘 듣는 아이, 불평 없이 규칙을 잘 지키는 아이는 수월성 측면에서 아주 훌륭한 아이이다. 반대로 어른의 말에 "싫어요! 왜 그래야 하는데요? 저는 이렇게 하고 싶어요!"라고 말하는 아이는 참 수고스럽다.

하지만 아이의 성장과 독립, 자율성 측면에서 보자면 걱정의 대상이 달라진다. 고집 있는 아이는 자기주도적인 인생을 살아갈 힘이 있는 아이이다. 언뜻 생각했을 때 인생을 제멋대로 살아갈 것 같지만, 그렇지 않다. 정해진 규칙을 무조건적으로 따르지 않고, 다양한 정보를 모아서 자기 머리로 생각하고 행동하려는 것이다. 그리고 스스로 생각해서 결정한 일이라면 어떤 결과가 따르든 책임을 진다. 이때 부모가 해야 할 일은 규칙의 목적을 설명하고, 무엇을 위한 규칙인지 생각할 기회를 주는 것이다.

초등 고학년, 미래를 꿈꾸고 계획하기

코로나가 한창이던 2021년, 초임교사 시절에 가르쳤던 제자로부터 반가운 연락을 받았다. 메신저에 뜬 우혁이의 이름을 보고 어찌나 기쁘던지!

우혁이는 학급의 '비타민' 같은 아이였다. 장난기 가득한 얼굴로 재치 있는 입담을 구사하여 친구들과 선생님을 늘 웃게 만들었다. 사회성도 좋아 반 친구들한테 인기가 참 많았다. 특히 정답 보다는 창의력을 요구하는 모둠형 과제를 할 때 빛이 나는 아이였다. 긍정적이고 적극적인 자세와 빛나는 창의력이 돋보이는 아이였기에 앞으로 어떻게 자랄지 기대가 컸던 제자였다.

그런 우혁이가 곧 입대를 한다며, 그 전에 선생님을 꼭 만나고 싶다고 연락을 해온 것이 아닌가. 벌써 군대를 갈 만큼 컸다니! 어떻게 컸을까 설레는 마음으로 우혁이와 만났다. 세월이 무색하게 도 우혁이는 10년 전 모습 그대로였다. 어색함도 잠시, 우혁이의 이야기를 들으며 시간 가는 줄 몰랐다. 그중에서도 가장 인상 깊었던 것은 우혁이의 '꿈'에 관한 이야기였다.

지금도 기억나는 게 우혁이는 게임을 참 좋아하던 아이였다. 게임 이야기를 자주 했던 아이지만, 크게 걱정하지 않았던 이유는 게임 이외에도 좋아하는 관심 분야가 다양했기 때문이다. 스토리가 있는 역사를 좋아하고, 과학 분야에도 흥미가 높았다. 다시 만난 우혁이는 여전히 게임을 좋아했다. 미래의 직업 진로와 상관없이 멋진 게임 하나를 만드는 것이 꿈이란다. 그래서 중·고등학교 때 입시 공부를 하면서도 꾸준히 코딩 공부를 하며 게임 개발에 몰두했다고 했다. 군 생활을 하면서 틈틈이 자신의 세계관이 녹아

있는 게임 스토리를 완성할 계획이라고 말하는 우혁이를 보니 참 기특하면서도 대단하다는 생각이 들었다.

"우혁아, 너는 어쩜 이렇게 잘 컸니? 어떻게 하면 선생님 아들도 너처럼 키울 수 있을까?" 순도 100퍼센트 진심이 담긴 질문에 우혁이는 드라마 같은 답변을 들려주었다. "엄마의 무조건적인 지지와 믿음이 저를 키웠다고 생각해요." 우혁이의 말을 듣고 절로 고개가 끄덕여졌다. 우혁이 어머님이라면 당연히 그랬으리라. 우혁이 어머님과 상담할 때 특유의 여유와 유머러스함, 그리고 자녀에 대한 깊은 믿음에 감탄했던 기억이 있다. 그때도 '우혁이의 긍정적인 마인드가 엄마를 닮은 거구나'라고 생각했었다.

우혁이는 6학년이었지만 사교육은 거의 받지 않던 아이였다. 학원에 가는 대신에 방학마다 과학관이나 도서관에서 운영하는 과학·역사 교육 프로그램에 참여했다. 우혁이는 그때 들었던 다양한 프로젝트 수업이 자신의 관심사를 넓히는 데 큰 도움이 되었다고 이야기했다.

10년 전이나 지금이나 중학교 입학을 앞둔 6학년 때는 사교육을 시키는 부모가 많다. 너도나도 선행학습을 해야 한다며 학원을 보내는 분위기 속에서 우혁이 어머님이라고 초연하기만 했을까?

분명 잠시 흔들리는 순간도 있었을 것이다. 하지만 그때마다 다양한 체험학습이 우혁이가 가지고 있는 잠재력을 꽃피우는 데 도움이 될 거라 믿었을 것이다. 우혁이는 그런 어머니의 믿음과 지지 아래 좋아하는 일에 몰두할 물리적 시간을 확보할 수 있었다. 그리고 그 시간의 힘이 쌓여 꿈을 계속해서 키워나갈 수 있었을 것이다. 우혁이의 꿈은 아직 현재 진행중이다.

초등 5, 6학년은 자기 정체성을 고민하고 탐구하는 시기다. 하지만 많은 아이가 자기소개서에 자신의 흥미와 특기, 장래희망을 쓰는 것에 어려움을 느낀다. "선생님 이거 꼭 써야 하는 거예요?", "저는 잘하는 게 없는데요?", "아빠가 공무원이 최고래요!" 해마다 듣는 말이다. 물론 잘하는 것도 좋아하는 것도 아주 많아서 고르기 어려워하는 아이들도 있다. 그러나 대부분의 아이들은 두 손으로 머리를 움켜쥐며 고통스러워한다.

왜일까? 분명 저학년 때에는 '내가 뭐든지 최고로 잘해!'라는 허세와 무엇이든 될 수 있다는 자기 확신으로 가득 찼던 아이들이었는데 말이다. 그런 아이들이 언제부터 자기가 무얼 좋아하는지, 무얼 잘하는지도 모르고, 꿈조차 잃어버리게 되는 걸까? 하루 일정이 학원 수업과 공부로 가득차기 시작한 때부터일까? 아니면

운동선수가 되고 싶다는 말에 운동선수는 힘들기만 하고 성공하기 어렵다는 핀잔을 들었을 때부터일까?

아이들 가슴 속에 미래의 꿈과 그 꿈을 이루기 위한 의욕이 싹튼다는 것은 정말 대단한 일이다. 물론 커가면서 그 꿈이 바뀔 수도 있고 방향이 틀어질 수도 있다. 그러나 스스로 품는 꿈 안에는 자율성과 열정이 녹아든다. 어른들이 생각하는 것 이상으로 초등학교 고학년 아이들은 똑똑하고 성숙하다. 꿈이나 이루고 싶은 목표를 위해 계획을 세워 실행할 수 있는 능력이 있다. 이런 능력을 꽃피우기 위해서는 저학년 때부터 자기가 좋아하는 것을 발견하고 좋아하는 일에 몰입할 수 있는 시간을 충분히 줘야 한다.

아이들에게는 많은 격려와 관심이 필요하다. 아이의 가능성을 알아봐주고 지지해줄 어른이 필요하다. 그 어른이 아이와 가장 가까운 관계인 부모일 때, 아이의 자율성과 잠재력은 더욱 활짝 피어날 것이다.

예습이 중요한 아이 vs. 복습이 잘 맞는 아이

　윤후 엄마는 아이와 함께 꼬박꼬박 수학 문제집을 풀면서 엄마표 학습을 한다. 학교 진도에 맞춰 하루에 한두 장씩 풀었는데, 그러다 보니 어느 날부터 학교 진도를 앞지르기 시작했다. 이 정도 예습은 괜찮지 않을까 싶다가도 혹시 이게 선행학습은 아닌지 고민이 된다. 그렇다고 복습 위주로 공부하자니 아이가 수업 시간에 선생님 말씀을 제대로 이해할까 싶어 걱정스럽다. 과연 윤후는 예습을 하는 것이 나을까, 복습을 하는 것이 나을까?

　학교 진도보다 빠른 학습은 말 자체로는 선행학습이긴 하지만 보통 한 학기 정도의 선행학습까지는 예습이라고 본다. 그리고 예습을 한 아이들이 수업 시간에 교사의 설명을 잘 이해하는 것도 사실이다. 그럼 선행학습이나 예습을 하는 것이 더 효과적인 걸까? 그럴 수도 있고 아닐 수도 있다. 이게 무슨 소리인가 싶겠지만, 정답은 '아이마다 다르다'이다. 가장 효과적인 것은 내 아이에게 잘 맞는 공부 방법이다.

수업내용을 이해하는 게 어려우면 예습을 추천!

은솔이는 오늘도 수업 내용이 잘 이해되지 않는다. 일단 집중력이 부족하니 선생님 말씀이 귀에 잘 들어오지 않고, 이해를 못한 상황에서도 진도는 꼬박꼬박 나가니 알아듣는 게 점점 적어진다. 국어 시간에 글을 읽을 때도 낱말 뜻을 잘 모르다 보니, 교과서에 실린 글을 온전히 이해하지 못한다. 수학 시간에도 마찬가지다. 선생님의 설명을 듣고 개별적으로 수학익힘책 문제를 푸는 시간이 되면 은솔이는 머릿속이 하얘지고 만다. 물론 선생님이 일대일로 여러 번 설명하면 어느 정도는 따라갈 수 있다.

문제는 한 교실에 스무 명이 넘는 아이들이 있고, 정해진 수업 시간 안에서 매번 일대일로 지도하기는 물리적으로 한계가 있다는 점이다. 그리고 교실에는 은솔이 같은 아이가 여러 명 있다.

교실 상황이 이렇다 보니 은솔이처럼 수업 시간에 배우는 내용을 이해하기 어려운 학생은 아무래도 수업에 흥미가 떨어질 수밖에 없다. 학습 내용을 활용한 재미있는 활동에는 곧잘 참여하지만, 이것은 '실질적으로 무엇을 얼마만큼 학습했느냐'와는 또 다른 문제이다. 이렇게 저학년부터 수업 내용을 잘 이해하지 못해 학습부진이 누적된 아이들은 고학년으로 올라가면서 점점 무기력해진다. 특히 수학은 이전 내용을 이해하지 못한 경우 다음 내용을 학습하기 더 어렵다. 게다가 추상적인 개념어가 많이 나오는 사회나 과학 시간에 아이들의 눈빛은 '이게 무슨 말이지?' 하는 혼란함을 가득 담은 채 멍해진다.

물론 교사는 수업 시간에 최대한 자세히 풀어서 설명해주고, 다양한 활동을 통해 쉽게 이해하도록 돕는다. 그러나 학교 수업을 이해할 수 있는 최소한의 준비가 되어있지 않은 상태에서는 교사의 노력이 빛을 잃는다. 여기서 최소한의 준비는 교과서를 혼자 읽을 수 있는 수준을 말한다. 교과서는 해당 학년 아이들이 혼자 읽었을 때 얼추 이해할 수 있는 수준으로 구성되어 있다. 즉 교사의 설명 없이도 학생이 교과서를 혼자 읽고 무슨 내용인지 알 수 있는 수준의 문해력을 바탕으로 한다. 평소 책을 많이 읽고 글의 내용을 파악하는 데 어려움이 없는 아이라면, 교과서를 읽었을 때 새롭게 등장하는 개념어나 평소 접하지 못했던 한자어를 제외하고는 큰 무리 없이 교과서 내용을 이해하는 것이 가능하다. 그러나 만약 교과서에 모르는 낱말이 너무 많아서 무슨 내용인지 알기 어려울 정도라면 수업 전에 그 낱말의 뜻을 찾아보고 공부해오는 예습은 꼭 필요하다. 학교에서는 학년 평균 수준에 맞춰 수업이 이루어지므로 교과서에 어떤 내용이 담겨있는지 대충이라도 파악하고 있어야 수업을 따라가기 쉬워진다.

학교 진도를 앞서나가는 것이 언제나 아이의 수업 흥미를 떨어뜨리는 것은 아니다. 은솔이처럼 수업 내용을 이해하는 데 어려움이 있는 경우 수업 전에 예습을 하는 것이 훨씬 효과적이다. 예습을 해오면 선생님 설명이 이해가 잘 되고, 이해가 잘 되면 수업에 대한 흥미가 높아져 집중력이 올라간다. 이렇게 조금씩 느끼는 성취감은 아이의 자신감과 자기효능감 향상에도 큰 영향을 준다.

본 수업만 들어도 이해가 된다면 복습을 추천!

은솔이와 다르게 교과서를 혼자 읽고 이해할 수 있는 수준의 아이들은 예습을 하는 것이 오히려 수업에 방해가 된다. 본 수업에 대한 흥미가 사라져 집중력이 떨어지기 때문이다. 학부모가 생각하기에 아이들이 수업 전에 미리 공부하면 학교 수업을 더 잘 따라갈 뿐만 아니라 한 번 더 듣고 복습하는 효과가 날 것이라고 기대한다. 그러나 아이들 입장에서는 '아, 다 아는 건데 그냥 빨리 문제나 풀고 싶다.', '선생님은 답이 뻔한데 이 활동을 왜 하시는 거지?'라는 생각만 든다. 이는 중·고등학교뿐만 아니라 초등학교 저학년 아이들에게서도 흔히 볼 수 있는 모습이다.

게다가 선행학습을 하는 아이들을 보면, 그 내용을 깊이 있게 공부하기보다 대부분 기본 개념만 이해하고 넘어가는 수준인 경우가 많다. 이런 경우 선행학습을 했음에도 불구하고 응용문제를 해결하지 못하는 학생들을 심심치 않게 볼 수 있다. 그리고 고등학생 정도가 되면 그렇게 기본 개념만 훑었던 선행학습은 의미가 없어진다.

선행학습을 굳이 하지 않아도 학교 수업을 잘 따라올 수 있는 아이는 배운 내용을 복습하는 편이 훨씬 효과적이다. 유사한 문제들을 풀어보며 기본적인 복습을 한 뒤 심화 문제로 넘어가는 것이 좋다. 이 아이들이 자주 걸려 넘어지는 곳은 항상 심화된 응용문제이기 때문이다. 그렇다고 배우자마자 너무 어려운 문제를 풀게 하는 것은 피해야 한다. 너무 쉬운 문제가 아이들의 흥미를 불러

일으키지 못하듯이 너무 어려운 문제는 빠른 포기를 부른다. 따라서 처음에는 아이가 배운 내용에서 조금만 더 생각했을 때 해결할 수 있는 수준의 문제들을 제시하고, 점진적으로 난도를 높인 문제를 제공하는 것이 좋다.

더 나아가 학교에서 배운 내용을 주제로 집에서 토론을 하거나 관련 장소를 견학하는 등 일상생활 속에서 배움을 확장할 수도 있다. 예를 들어 수업 시간에 훈민정음에 대해 배웠다면 관련 책이나 영상을 찾아보고, 창제 당시 왜 많은 신하들이 한글을 반대했는지 토론을 해본다거나 한글박물관에 방문해보는 것도 좋다. 이렇게 배움의 깊이를 더해주는 다양한 활동을 통해 아이들은 몸소 살아있는 지식을 배울 수 있다.

예습이든 복습이든 중요한 것은 아이들의 수업 흥미를 지키면서 배움에 대한 욕구를 자극하는 방향으로 학습이 이루어져야 한다는 것이다. 따라서 우리 아이가 예습이 필요한 타입인지, 복습이 효과적인 타입인지 잘 파악하여 그에 걸맞은 학습이 이루어질 수 있도록 하자.

무조건적인 학원 발 담그기는 그만

　요즘 부모들은 불안하다. 예전에는 쉽게 알 수 없었던 남의 집 아이의 사정을 SNS며 유튜브를 통해 속속들이 알게 된다. 누구네 아이는 벌써 몇 학년 수학을 배운다던데, 누구네 아이는 동화책을 원서로 읽는다는데 하는 이야기가 들려오면 부모의 불안은 극에 달한다. 심화 없는 선행학습은 실력이 아니라고 들었지만, 불안한 마음을 추스를 길이 없다.

　결국 아이의 손을 잡고 학원에 간다. 학원에 간 이유가 아이가 정말 부족해서일까? 부모가 불안해서일까? 안타깝게도 대부분 후자 쪽이다. 이러니 학부모의 불안을 건드려야 지갑이 열린다는 말이 학원가에 진리처럼 퍼져 있을 수밖에 없다.

학원은 부모의 불안을 해소해주지 않는다

그렇다면 학원은 무조건 보내지 말아야 할까? 그렇지 않다. 분명 잘 선택한 학원은 아이의 성장과 발달에 도움을 줄 수 있다. 다만 내 아이의 특성을 파악하여 아이에게 맞는 학원을 선택해야 한다. 이때 다른 아이와의 비교는 금물이다. 예를 들어 이웃집 아이가 고등학교 수학을 공부하고 있다고 해서 초조한 마음에 무작정 수학 선행학원에 보내는 것은 현명한 선택이 아니다. 기초가 부족한 아이에게는 기초를 다질 수 있는 학원이 필요하지 선행학습 중심의 학원은 별 도움이 안 된다. 당연한 사실인데도 생각보다 많은 학부모가 주변 흐름에 휩쓸려 남들이 다 보낸다는, 그 학원에 보낸다.

사정이 이러하니 아이가 학원을 간다고 한들 부모의 불안은 해소되기 어렵다. 애초에 학원을 보낸 이유가 아이의 진정한 성장과 발전을 위해서가 아니었기 때문이다. 맹목적으로 추구하는 좋은 성적에 대한 갈망과 다른 아이보다 잘해야 한다는 비교의식에서 비롯한 불안은, 결코 해소될 수 없는 난제와도 같다. 왜냐하면 학원을 가서 성적이 오르더라도 내 아이보다 더 잘하는 아이는 언제든지 나타날 수 있기 때문이다.

고학년 학부모 상담을 할 때면 학업과 성적 문제가 빠지지 않고 등장한다. 성적 이야기가 나오는 순간 대부분의 부모님이 불안하고 초조한 모습을 보인다. 공부를 잘하는 아이라고 해서 예외는 아니다. 오히려 공부를 잘할수록 더 불안해한다. 담임교사에게 궁금한 것도 비슷하다. "우리 아이가 다른 친구들과 비교해서 어떤가요? 지금보다 더 잘하려면 어떻게 해야 하나요?"라는 질문을 많이 받는다. "우리 아이가 어떤 과목은 좋아하나요? 어떤 활동을 할 때 활발히 참여하나요?" 같은 질문은 거의 찾아볼 수 없다.

학원과 관련해 이것저것 물어보시는 부모님도 있다. 그럴 땐 이렇게 말한다. "우선 학교에서 공부한 내용을 철저하게 복습시켜 주세요. 혼자 복습하는 게 어렵다면, 복습할 수 있는 학원 한 군데를 다니는 것은 찬성입니다." 그러나 학원에 다니는 아이들 대부분은 1, 2년씩 선행학습을 하느라 바쁘다. 심지어 학기 초 교사의 조언에 귀를 기울이는 것 같던 부모님들도 학기 중반이 지나가면 불안한 마음에 아이들을 학원에 보내기 시작한다.

교사들이 과도한 사교육에 회의적인 이유

대부분의 초등 교사들은 이 시기 아이들이 학원을 많이 다니는 것에 회의적이다. 아이들이 자유롭게 사고하면서 창의력을 키울 수 있는 가장 좋은 시기가 바로 초등이기 때문이다. 그런데 이 최적의 시기에 빽빽하게 짜인 학원 수업에 갇혀 문제 푸는 스킬만 습득하다 보면 사고력과 창의력을 키울 기회를 잃어버린다. 특히 선행학습에 열을 올리는 학원일수록 학교 수업에 대한 흥미와 학습 동기를 떨어뜨리는 부작용을 안고 있어 더더욱 그러하다.

기본적으로 공부를 잘하기 위해서는 그 과목에 관심과 흥미가 있어야 한다. 그러나 선행학습을 하면 아이들의 마음속에는 이미 '내가 알고 있는 것'이라는 생각이 자리 잡아 버려서 학교 수업이 지루하고 시시하게만 느껴진다. 배움의 흥미를 잃어버리니 무언가를 깊이 탐구하고자 하는 열정도 생기지 않는다.

무조건적인 학원 보내기가 문제인 또 다른 이유는, 어찌 됐든 아이의 미래를 위해 보내기 시작한 학원이 어느새 아이의 성장을 방해하는 결정적 요인으로 작용하기 때문이다. 전인적 발달을 도모하는 학교와 달리, 사교육의 생리상 학원은 경쟁을 부추긴다. 끊임없는 비교와 경쟁 속에서 아이들의 자존감이 추락한다. 교사가 보기엔 충분히 잘하고 있는 아이인데도 매사에 자신감이 없다. 고작 10년 전후의 인생을 산 아이들 입에서 "선생님 저는 안 될 것 같아요.", "저는 수포자예요."란 말이 입버릇처럼 터져 나온다.

언젠가 속도는 느려도 문제를 꼼꼼히 푸는 아이에게 "너는 참 수학 문제를 차근차근 꼼꼼히 푼다. 좋은 습관이야."라고 칭찬했는데, "저는 너무 느려서 맨날 학원에서 혼나요."라는 아이의 대답을 듣고 큰 충격을 받았던 적이 있다. 물론 수학은 문제를 빠르게 푸는 것도 중요하다. 하지만 초등 아이들에게 더 중요한 것은 수학에 대한 흥미와 자신감이다.

학원, 어떤 선택을 하느냐에 따라 아이에게 득이 될 수도 실이 될 수도 있다. 아이에게 사교육이 필요하다면 동네에서 인기 많은 학원, 상위권 학생들이 많이 다니는 학원을 선택하기보다는 우리 아이의 발달 특성을 고려하여 아이에게 진짜 도움이 되는 학원을 선택하자.

공부정서로 아이의 공부 그릇을 키운다

"이걸 또 몰라? 벌써 몇 번째야?"

오늘도 우영이와 책상 앞에 좋은 마음으로 앉았다. 그런데 시간이 갈수록 점점 언성이 높아진다. 늘 같은 패턴이다.

'아, 이러면 안 되지. 화내지 말자!'

화내지 말고 차근차근 가르쳐주자고 마음을 다잡지만 몇 번이고 설명해도 이해하지 못하는 아이를 보니 속이 터져 목소리가 날카로워진다. 우영이의 눈이 조심스레 엄마의 표정을 살핀다. 엄마는 무표정이지만 우영이도 느끼고 있다. 엄마의 심기가 점점 불편해져 간다는 걸, 엄마가 화를 꾹 참고 있다는 걸, 그리고 그게 엄마의 기대만큼 못해서라는 걸.

"됐어. 그만하자."

여기서 더 했다가는 아이에게 상처만 줄 것 같아 공부를 멈추기로 마음먹었다. 그런데 우영이가 그런 엄마를 붙잡으며 말한다.

"아니야, 나 할 수 있어. 열심히 할게. 잘할게."

'아, 이런 대답을 원한 게 아니었는데. 아이에게 상처 주고 싶지 않았는데…' 엄마는 우영이의 공부정서를 망가뜨린 것 같아 죄책감이 든다. 오늘 공부는 과연 무엇을 위한 시간이었을까.

아이가 무엇을 배울 때 느끼는 심리 상태를 '공부정서'라고 한다. 교과학습을 할 때뿐만 아니라 생활 속 다양한 경험을 통해 체득한 지식을 내 것으로 만드는 과정에서 공부정서가 형성된다. 혼자서 두발자전거 타는 법을 배웠을 때, 서툴렀던 젓가락질이 익숙해졌을 때, 어려운 수학 문제를 풀었을 때와 같이 다양한 경험을 통해 느꼈던 정서가 차곡차곡 쌓여 아이의 머릿속에 저장된다.

칭찬 스티커나 선물 같은 보상을 주는 외적 동기만으로는 아이의 공부정서를 높이는 데 한계가 있다. 시간이 갈수록 외적 보상에 대한 역치가 점점 높아져 더 나은 보상이 제공되지 않는 한 학습동기가 활성화되지 않기 때문이다. 새로운 것을 배우는 과정에서 기쁨과 성취감을 느낄 때 아이는 공부를 긍정적으로 받아들인다. 누군가가 시켜서 하는 공부에서 내가 하고 싶어서 하는 공부로 바뀌는 것이다.

성취의 기쁨을 느낄 수 있으려면

아이가 학업이나 생활 속에서 성취의 기쁨을 느낄 수 있으려면 이해가능한 입력을 제공해주는 것이 중요하다. '이해가능한 입력comprehensible input'이란 현재 아이의 수준보다 살짝 높은 단계의 자극을 말한다. 아이의 수준을 정확하게 파악한 다음 아이 혼자 골똘히 궁리하여 해결할 수 있는 수준의 과제를 제공하는 것이 좋다. 과제가 너무 쉬우면 학습할 의욕이 생기지 않고, 과제가 너무 어려우면 포기할 가능성이 크기 때문이다. '한번 해볼만 한데?'라고 도전해볼 마음이 생기는 과제가 적절하다.

의미 있는 자극을 주는 과제를 차곡차곡 해결하며 아이들은 뿌듯함과 성취감을 연거푸 맛보게 된다. 공부하는 재미를 알게 된다. 궁금했던 것을 해결했을 때 느꼈던 재미, 무언가를 발견했을 때의 뿌듯함, 고민하다 어느 순간 오는 깨달음 등 이런 경험이 하나둘씩 쌓여 긍정적 공부정서를 형성하고, 이를 바탕으로 아이의 공부 그릇은 한층 커지고 단단해진다.

문제는 우영이 엄마처럼 아이를 위한다는 행동이 오히려 아이의 공부정서에 부정적인 영향을 미치는 경우가 많다는 것이다. 엄마는 우영이의 공부에 도움이 되기 위해 매일매일 엄마표 학습을 했지만, 결과적으로는 우영이에게 부정적인 공부정서를 심어준 셈이 되었다. 물론 한두 번의 실수로 아이의 공부정서가 망가지진 않는다. 이런 일이 무심코 반복되면서 아이 내면에 서서히 부정적인 공부정서가 자리 잡는 것이다.

　부정적인 공부정서를 가지고 있는 아이들은 교과학습은 물론이고, 다른 배움에도 흥미를 느끼지 못하는 경우가 많다. 교실에서도 이런 아이들을 심심치 않게 볼 수 있는데, 원인이야 조금씩 다르지만 이 아이들 모두 새로운 것을 배울 때 재미를 거의 느끼지 못한다는 공통점이 있었다. 왜 배워야 하는지 그 필요성은 둘째 치더라도 배움의 즐거움을 느껴본 적이 없으니 학습동기가 떨어지는 것은 너무 당연했다. 배우는 과정에서 어려움이 많아 성취감을 느끼지 못하는 아이도 있었고, 동영상이나 게임 같은 강한 자극에 익숙해져 수업 시간에 집중하지 못하고 지루함을 느끼는 아이도 있었다. 또 왜 가야 하는지 모르는 학원을 관성처럼 다니는 아이들도 있었다. 이런 아이들은 수업 시간뿐만 아니라 쉬는 시간에도 무기력한 모습을 보이며, 상황이 심각한 경우에는 우울증이나 틱 장애 같은 증세를 동반하기도 한다.

긍정적 공부정서를 기른다는 것은 아이에게 조금의 스트레스도 주지 않고, 아이가 원하는 대로 해주는 것을 의미하지 않는다. 하기 싫어도 참고 노력하는 힘, 지루해도 견디는 힘, 책임감 있게 맡은 일을 해내는 힘은 반드시 길러줘야 할 덕목이다. 이 과정에서 받는 건강한 스트레스는 아이가 성장하는 데에 훌륭한 밑거름이 된다. 그런데 이런 힘은 교과학습뿐만 아니라 생활 속에서도 함께 길러져야 한다. 아이한테 점심 급식 때 먹기 싫은 반찬은 먹지 않아도 된다고 하면서, 하기 싫은 공부는 꼭 해야 한다고 가르친다면 이것은 모순적인 가르침에 불과하다.

초등학교는 긍정적인 공부정서를 형성하는 데 있어 가장 중요한 시기다. 학령기를 포함해 평생 가져갈 공부 그릇을 만드는 과정에 있기 때문이다. 따라서 아이가 공부하면서 긍정적인 경험을 많이 하는지, 배우는 기쁨을 느끼는지, 꼭 필요한 역량을 제때 길러주고 있는지, 부모인 내 욕심으로 아이를 힘겹게 끌고 가고 있진 않은지 늘 점검해야 한다. 긍정적인 공부정서를 바탕으로 크고 단단한 공부 그릇을 가진 아이는 배움을 양껏 담을 수 있다.

자기주도학습, 혼공이 중요한 이유

성수는 초등학교에서도 손꼽히는 우등생이었고, 중학교에 진학해서는 3년 내내 전교 1등을 놓치지 않았다. 우수한 성적으로 고등학교에 입학한 성수는 모두의 기대를 한 몸에 받으며 고교생활의 첫발을 내디뎠다.

드디어 첫 중간고사 날, 성수는 기대 반 걱정 반으로 시험을 치렀다. 성수의 성적은 나쁘지 않았다. 그러나 기대만큼은 아니었다. 처음이라 그렇겠지 생각하고 다음 시험을 열심히 준비했다. 그렇게나 노력했는데 성적은 요지부동이었다. 고3이 되어서도 성적은 오르지 않았다. 오히려 모의고사 성적은 내신보다 더 떨어졌다. 모두가 의아해했지만, 누구보다 당황스러운 것은 성수 자신이었다.

스스로 물고기 잡는 법을 익히는 시행착오가 필요하다

중학교 때 성수는 학원의 자랑이었다. 성수가 다닌 학원에서는 매번 학교 시험을 대비한 특강을 했고, 꼼꼼한 성수는 학원에서 짜준 계획대로 열심히 공부했다. 학원에서는 이른바 '족보'라고 불리는 시험지를 구해 시험 대비 자료를 만들고, 시험에 나올 만한 내용을 하나하나 분석하여 아이들에게 떠먹여 주었다. 아무래도 중학교 평가는 내신형 시험이 주를 이루는 데다가 대부분의 문제를 교과서 내용만 가지고 출제하기 때문에 학원 자료를 몇 번이고 복습한 학생들이 좋은 성적을 받는 것은 당연한 일이었다. 하지만 고등학생이 되자 더는 그 방법이 먹히지 않았다.

학원 수업 위주로 공부하던 성수는 고등학교 시험에서 원하는 성적이 나오지 않자 어떻게 해야 할지 갈피를 잡지 못했다. 성수의 교과서는 늘 필기 내용으로 빼곡했고, 꾸벅꾸벅 졸면서도 배운 내용을 깨알같이 암기했지만, 성적은 좀처럼 오르지 않았다. 그제야 성수는 어떤 걸 중점적으로 공부해야 하는지, 학습 내용을 어떻게 분석하고 이해해야 하는지 자신만의 공부법을 찾아야 함을 깨달았지만 어떤 게 맞는 방법인지 혼란스럽기만 했다. 결국 고등학교를 졸업할 때까지 성수의 성적은 중위권에 머물렀고, 대입 시험에서도 만족스러운 결과를 거두지 못했다.

만약 성수가 좀 더 일찍 스스로 공부하는 법을 익혔더라면, 성수 특유의 성실함과 인내력 그리고 꼼꼼함까지 더해져 높은 학업 성취도를 보였을 것이다. 하지만 성수는 학원에서 정해준 일정과 방법에 맞춰 수동적으로 공부하는 것에 익숙해져 있었다. 본인이 어떤 것을 잘 알고 모르는지 스스로 분석하여 계획을 세우고, 그 결과를 다음 공부에 반영하는 경험이 부족했다.

꼭꼭 씹어 내 것으로 소화시키는 시간은 필수!

지민이는 학습 의욕이 넘치는 아이였다. 더 잘하고 싶은 마음에 학원을 다니기로 했다. 방학 때마다 학군이 좋은 지역의 유명 학원을 찾아가 하루 종일 특강을 들었다. 처음엔 월수금 수업만 들었지만, 화목토 수업을 또 들으면 복습하는 효과가 날 것이라고 생각해 힘들어도 일주일 내내 학원에 다녔다.

하지만 지민이의 예상은 보기 좋게 빗나갔다. 복습 효과를 기대하며 일주일 내내 학원 수업 들었는데, 오히려 배운 내용이 머릿속에서 빠르게 사라지는 게 아닌가. 배운 것을 차분하게 익힐 시간이 부족하다 보니 온전히 자기 것으로 소화하지 못해 기억에서 금방 사라져버린 것이다. 지민이는 수업에 성실하게 참여했다는 것을 스스로 위안 삼았지만, 안타깝게도 실질적인 학습 효과는 거의 없었다.

설명을 들을 때는 분명 이해한 것 같았는데 막상 혼자 하려니 머리가 하얘진 경험이 누구나 있을 것이다. 설명을 알아듣는 것과 '내 것'으로 만들어 소화하는 데에는 큰 차이가 있다. 아무리 명강의라도 꼭꼭 씹어서 소화하는 과정이 빠진다면 배운 지식은 온전히 내 몸에 흡수되지 않는다는 사실을 기억해야 한다.

공부 잘하는 아이는 이것이 다르다

학습은 말 그대로 배우고學 익히며習 이루어진다. 수업을 듣는 것에서 끝나지 않고, 배움을 오롯이 나의 것으로 만드는 과정이 꼭 필요하다. 성수와 지민이는 바로 이 경험이 부족했다.

사교육과 담을 쌓고 혼자 끙끙대며 공부하라는 말이 아니다. 배운 내용을 이해하고 소화하는 시간, 내 것으로 만드는 연습과 시행착오의 과정이 필요하다는 뜻이다.

한마디로 공부를 잘하려면 스스로 공부 계획을 세워 실천해보고, 그 과정에서 개선할 점을 찾아 다음 공부에 반영하는 자기주도학습이 이루어져야 한다. 2020년 한국교육학술정보원에서 학습격차가 심해지는 원인을 분석한 결과, 64.9퍼센트가 자기주도학습 능력이 떨어지는 경우로 나타났다. 그렇다면 어떻게 해야 우리 아이의 자기주도학습 능력을 키울 수 있을까?

성공적인 자기주도학습이 이루어지기 위해선 '메타인지'가 있어야 한다. 자기주도학습에서 메타인지가 있다는 것은 내가 무엇을 알고 무엇을 모르는지, 어떤 공부법이 나에게 효과적인지 정확히 안다는 뜻이다. 그걸 알아야 어디서부터 어떻게 공부할지, 어느 부분이 부족한지 파악하고 효율적으로 공부할 수 있다. 메타인지를 기르기 위해선 자신을 객관적으로 바라보는 연습을 꾸준히 해야 한다. 예를 들어 평소 어떤 주제로 대화할 때 누가 그러는데 이렇다더라 하는 막연한 생각을 말하기보다는 다양한 관점을 분석하여 자신만의 논리적인 의견을 밝히도록 하는 것이다. 학습할 때도 배운 내용을 그대로 달달 외울 것이 아니라 궁금한 점을 찾아 그 물음에 답해보는 식으로 공부하는 것이 좋다. 스스로 보완할 점을 찾아 다음 학습 과정에 반영하면 공부 효과는 배가된다.

혼자 공부하는 법을 익힌 아이들은 앞으로의 인생도 주도적으로 살아갈 힘을 가진다. 그러니 나만의 공부법을 찾을 충분한 시간과 시행착오를 겪을 기회를 갖게 하자. 단번에 결과가 나오지 않더라도 초조해하지 말고, 아이를 믿고 기다려주자. 아이의 인생은 대입에서 끝나는 것이 아니다. 이런 경험을 통해 아이는 공부의 방향성뿐만 아니라 인생의 방향성도 찾을 수 있다.

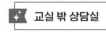
'진짜 공부'를 위한 백만 불짜리 습관

초등 저학년 시기에 꼭 갖추어야 할 자기관리 능력에는 어떤 것들이 있나요?

· 아침에 일어나 씻고 옷 입기, 아침 식사하기 등 등교준비를 스스로 할 수 있는 습관을 길러주세요.

· 하교 후에 스스로 알림장을 확인하고 준비물을 챙기는 습관을 길러주세요.

· 시계 보는 방법을 익혀서 시간에 맞춰 자기 할 일을 알아서 하게 합니다.

· 책상을 정리하고 자기 방을 청소하는 습관을 길러주세요.

· 하루 일정(등하교 시간, 학원 및 방과 후 수업)을 기억하고 있어야 합니다.

자율성을 키울 때 주의할 점이 있나요?

아이가 어떤 일을 했을 때 그 일을 잘 수행했는지를 평가하지 말고, 다 수행했는지를 확인해주세요. 초등학교 시기에는 일의 완성도보다 근면성을 키워주는 것이 탄탄한 자율성의 기초가 됩니다. 하나를 끝까지 스스로 완성하는 경험을 갖게 해주는 것이 중요합니다. 이때 생활 속에서 매일 달성할 수 있는 작은 목표를 세우면 자신과의 약속을 지킬 수 있어 스스로에 대한 믿음이 강해집니다. 이런 자기 신뢰를 바탕으로 아이는 더 도전적인 목표를 세우고, 꾸준히 실행하는 힘을 기를 수 있습니다.

우리 아이가 예습이 더 잘 맞는지, 복습이 더 잘 맞는지 어떻게 알 수 있나요?

아이와 함께 학교에서 배운 내용을 이야기해보거나 문제집을 풀어보는 것으로 아이의 이해도를 점검할 수 있습니다. 수업 내용을 잘 이해하고 있다면 집에서 복습하며 심화 문제에 도전해보는 것이 좋습니다. 반대로 수업을 따라가기 벅찬 것 같다면 수업 전에 미리 예습을 하는 편이 좋겠지요.

만약 아이의 학습 능력과 수준을 파악하기 어려워 어떤 공부 방법을 선택해야 할지 잘 모르겠다면, 담임선생님에게 물어보는 것이 가장 확실하고 빠른 방법입니다. 아이가 수업을 듣는 것에 어려움이 있는 상황이라면, 선생님은 그 사실을 이미 인지하고 있을 가능성이 아주 크기 때문입니다.

다들 선행학습을 하는데 우리 애만 안 하면 뒤처질까 걱정이에요. 어떻게 하면 좋을까요?

학원은 모두가 간다고 해서 다녀야 할 곳도, 또 모두가 다니지 않는다고 해서 보내지 못할 곳도 아닙니다. 초등학교처럼 모든 아이가 다녀야 하는 의무교육기관이 아니기 때문입니다. 그런데 대한민국에서는 언젠가부터 학원이 의무교육기관처럼 변질되고 있는 것 같아요. 지표가 말해주듯 해가 갈수록 사교육 시장은 점점 커지고 있습니다. 이런 사회 분위기로 인해 소신껏 교육하기 힘든 마음은 충분히 이해합니다. 하지만 선행학습을 하는 주된 이유가 바로 이 불안 때문이지요. 남들은 다 하는데 우리 아이만 손 놓고 있다가 뒤처질 것 같은 두려움에 하루에도 몇 번씩 마음이 갈팡질팡합니다. 그럴 땐 선행학습을 하는 목적을 잘 생각해보세요. 궁극적으로 무엇을 위한 것인지, 그 목적을 향해 잘 가고 있는지 늘 점검이 필요합니다. 아이의 발달단계에 맞는 실력을 다져주는지, 속도에만 열을 올리고 있지 않은지 고민해보면 좋을 것 같습니다.

성취의 기쁨을 느끼게 해주고 싶은데 너무 어려워요.

너무 어렵게 생각하지 마세요. 아침에 5분 일찍 일어나기, 이불 스스로 개기, 자기 방 청소하기 등 일상 속 작은 일부터 도전하는 것으로 시작하면 됩니다. 아이와 함께 목표를 정하고, 그것을 달성했을 때 폭풍 칭찬을 해주면서 아이 스스로 뿌듯함을 느끼게 해주세요. 공부를 할 때도 마찬가지입니다. 공부습관이 전혀 잡히지 않은 아이라면 하루에 수학 한 문제씩 풀기, 하루에 책 한 쪽씩 읽기처럼 쉽게 달성할 수 있는 목표를 설정해 작은 성공 경험이 차곡차곡 쌓이게 해주세요. 어느 정도 익숙해지면 과제의 난이도를 조금씩 조절해 아이 스스로 도전해보고 싶은 문제나 해보고 싶은 과제를 고르도록 합니다. 만약 문제를 풀 때 아이가 어려워하면 곧바로 해답을 제시하지 말고, 방향을 잡을 수 있는 힌트를 조금씩 제공하는 것이 좋습니다.

책상에 앉아있는 것도 습관이라던데, 긍정적인 공부정서를 만든다고 공부를 너무 안 시키면 나중에 공부습관이 잘못 들까 봐 걱정입니다.

꼭 매일 몇 분씩 시간을 정해 앉아있는 습관을 길러야 하는 것은 아니에요. 어떤 목표가 생겼을 때 끈기 있게 노력하는 힘, 하기 싫어도 책임감을 갖고 자기 할 일을 해내는 힘을 길러주는 것이 중요하지, 꼭 하루에 정해진 시간을 책상 앞에 앉아있을 필요는 없습니다.

아이와 함께 공부 목표와 기준을 세우고, 아이가 주도적으로 실천할 수 있게 옆에서 지켜봐 주시면 됩니다. 하루에 문제집 세 장을 풀겠다는 목표를 세웠다고 칩시다. 목표를 달성했다면 칭찬을 해주고 나머지 시간은 마음껏 놀게 해주세요. 만약 다 하지 못했다면 그날은 본인이 하고 싶은 걸 할 수 없다는 것을 배워야 해요. 그 정도의 스트레스는 아이가 감내할 수 있고, 또 감내해야 합니다. 아이가 극복 가능한 스트레스를 받는 것을 너무 두려워하지 마세요. 긍정적인 공부정서를 키우는 일은 공부 과정에서 화를 내거나 짜증을 내서 아이에게 공부가 괴로움이 되지 않도록 해야 한다는 것이지, 아이에게 절대 스트레스를 주면 안 된다는 뜻이 아니에요. 오히려 긍정적 스트레스는 아이의 성장에 꼭 필요합니다.

자기주도학습 능력을 길러주고 싶습니다. 그냥 아이에게 맡기고 알아서 하게 놔두면 되는 걸까요?

아이 혼자서 수많은 시행착오를 거치며 자기주도학습 능력을 기르는 것이 불가능한 일은 아니지만, 부모님이 옆에서 적절한 도움을 준다면 좀 더 쉽게 혼공 능력을 기를 수 있습니다. 이때 주의할 점은 부모님이 처음부터 끝까지 모든 계획을 짜고, 공부 방법을 분석해주는 일을 삼가야 한다는 겁니다.

아이가 아직 어리고 못 미더워도 스스로 선택하고 결정할 수 있는 자유를 보장해주어야 합니다. 자꾸 연습하며 자율성을 키워나갈 때 아이는 자신의 문제를 주도적으로 해결할 수 있습니다. 자신에게 주도권이 없다고 느끼는 순간 아이는 스스로 공부할 필요성을 잃어버립니다. 답답하더라도 아이 스스로 목표를 정하고 계획을 세우도록 격려해주세요. 그 목표를 달성하기 위해 어떤 공부가 필요하고 어떻게 노력해야 할지 아이와 이야기를 나눠보는 것으로 충분합니다. 이런 대화를 통해 자기 공부 계획과 방법을 분석하게 되거든요. 공부가 끝난 뒤 계획과 실천을 점검하는 시간을 함께 가져보는 것도 좋습니다. 점점 이런 과정에 익숙해지면 나중에는 혼자서도 자기 공부에 대한 충분한 피드백이 가능해집니다.

6장

삶을 반짝이게 하는
창의성 기르기

멍때릴 시간이 필요한 이유

"표현 욕구가 강하며 상상력이 뛰어남. 결합하기 어려운 것을 결합하여 엉뚱한 생각을 해 친구들에게 즐거움을 줌. 밝고 구김살 없는 태도로 친구들을 대하며 즐거운 놀이를 생각해내 잘 어울림. 긍정적인 생각을 가지고 생활하며, 복잡하고 힘든 상황도 잘 극복하는 모습이 보임."

이 행동 발달 종합의견은 1학년 1학기를 마치며 지한이의 통지표에 적었던 문구다. 1학년 통합교과에서는 만들기나 그리기 등 조작 활동이 많은데, 이때 아이들에게 어떤 것을 예시로 보여주느냐에 따라 작품의 완성도가 달라진다. 그런데 지한이는 달랐다.

색종이로 장미꽃을 접는 수업이 있었다. 활동 전에 빨강, 핑크 같은 붉은 계열의 종이를 접어 시범을 보였다. 대부분의 아이들이 짜기라도 한 듯이 빨간색, 분홍색 색종이를 집어 열심히 따라 접는데 지한이만 파란 꽃, 보라 꽃을 접어 제출했다. 우유 팩으로 동물 만들기 시간에도 다른 아이들이 예시 작품을 참고하여 정사각모양의 토끼, 강아지, 고양이 같은 동물을 만들 때 지한이는 우유팩 입구를 열고 이빨을 붙여 악어를 만들었다. 하루는 지한이가 자신이 직접 만든 공룡 도감을 학교에 가져온 적이 있다. 꽤 두꺼운 책으로 네다섯 권이나 되어 깜짝 놀랐다. 페이지마다 손수 그린 공룡 그림과 이름, 간단한 설명이 빼곡히 적혀있었다. 반 아이들과 신기해하며 구경했다.

지한이가 남다른 시각을 가지게 된 배경이 궁금해 학부모 상담 때 어머님께 그 비결을 여쭤봤다. "지한이가 매우 창의적인데, 그 비결이 뭔가요?" 어머니께서는 곰곰이 생각하시더니 이렇게 대답하셨다. "놀 시간을 많이 줘서 그런가 봐요. 학원을 안 다녀서 시간이 많았거든요. 예체능 학원 같은 데도 안 보냈어요."

지루함에서 나오는 창의성

우리는 지루함을 느낄 때 주변 환경에서는 찾을 수 없는 새로운 자극을 찾는다. 심심하다고 생각할 때 뭘 해야 재미있을지 스스로 고민하고 상상하기 시작한다. 의식에서 벗어나 잠재의식과 소통하기 시작하는 것, 그것이 창의성을 자극한다. 그리고 자극받은 창의성은 실질적인 프로젝트를 계획하고 실행하게 만든다.

주현이는 좋아하는 일에 한 번 빠지면 끝까지 파고들어야 직성이 풀리는 아이다. 어렸을 때부터 뒤뜰을 탐험하면서 작은 생물을 찾아보고 그것들과 놀기를 좋아했다. 생물에 대한 자료를 엄청나게 수집하고, 그걸 토대로 책을 만들 만큼 열성적이었다. 좋아하는 걸 마음껏 하면서 관심 분야에 깊이 있는 지식을 쌓았다. 지금 주현이의 연산 실력은 조금 부족한 편이지만, 큰 걱정은 하지 않는다. 주현이의 반짝거리는 창의성과 끝을 모르는 열정을 봤을 때 무슨 일이든 잘 해낼 것 같기 때문이다.

진짜 좋아하는 걸 발견하고, 거기에 푹 빠지면 우리는 시간과 에너지를 아낌없이 쏟아붓는다. 그런 경험은 내가 좋아하는 게 뭔지, 열정을 갖는 게 뭔지 알아가는 데 도움을 준다. 이는 몰입과 관련이 있다. 몰입 상태에 들어서면 집중력이 높아지고 충만한 활력을 느끼지만, 아이러니하게도 스스로 몰입하고 있다고 의식하는 순간 몰입 상태가 깨진다. 몰입은 실시간으로 느낄 수 없다. 되돌아보았을 때 '내가 정말 몰입했었구나.' 하고 깨닫는 것이다. 몰입 상태에 있을 때는 흔히 말하는 무아지경에 빠지는데, 이때 배움의 속도가 무서울 정도로 빨라진다. 그런데 이를 방해하는 요소가 바로 제한된 시간이다. 시간제한이 있을 때 우리는 몰입에 방해받는다. 몰입하려면 시간의 흐름을 의식하지 않아야 하는데, 시간이 정해져 있으면 초조함에 자꾸 시간을 확인하려 들 것이기 때문이다.

아이들에게는 몰입에 빠질 충분한 자유 시간이 필요하다. 자신이 좋아하는 것을 발견하고, 그 일에 빠져드는 경험을 하며 자라야 한다. 그 경험은 아이마다 다를 것이다. 아이마다 관심사와 좋아하는 것이 모두 다르기 때문이다. 내 아이에게 열정을 쏟을 정도로 좋아하는 것이 생겼다면 부모로서 반가워할 일이다. 그 일에 몰두할 시간만 주어진다면 아이는 새롭고 놀라운 것들을 생각하고 만들어낼 것이기 때문이다.

아이의 경험은 어디에서 시너지를 낼지 모른다. 스티브 잡스도 스탠퍼드 대학교 졸업 연설에서 하나하나의 경험들이 '점dot'으로 연결되어 시너지를 낼 것이라 말했다. 이렇게 말한 이유는 그 하나의 경험이 나 자신을 정의하게 될 것이기 때문이다. 그렇게 쌓인 몰입의 순간들이 서로 연결되어 새로운 일을 할 수 있도록 돕는 것, 그것이 창의성이다. 창의성은 결국 나 자신에게서 나온다. 다른 사람에게서 온 것은 나의 창의성일 수 없다. 아이는 스스로 자기 자신에 대해 끊임없이 도전하고 알아가야 한다. 이것이 바로 우리가 아이에게 멍때릴 시간을 주어야 하는 이유다.

예체능 학원은 놀이가 아니다

"학원을 몇 개 보내시나요?"

학기 초 학부모 상담 시 빠지지 않고 하는 질문이다. 대개는 수학, 영어, 국어 같은 교과 학원만 세서 알려주신다. 그러면 다시 묻는다. "예체능 학원까지 모두 포함해서 알려주세요."

많은 부모님이 태권도, 미술, 피아노 같은 예체능 학원은 사실상 학원이 아니라고 생각하신다. 공부하는 중간에 아이들이 놀 수 있는 시간, 쉴 수 있는 시간이라고 말씀하시는 부모님도 계신다. 그러나 예체능 학원은 결코 놀이가 될 수 없다. 놀이라는 것은 엄연히 아이가 주체가 되어야 하는 활동이다.

아이들은 쉬는 시간에 모여 무슨 놀이를 할지부터 정한다. 그

다음엔 구체적인 방법과 역할을 정하고, 놀이를 시작한다. 놀이의 처음부터 끝까지 아이가 '생산자'로 존재한다. 그러나 언뜻 놀이처럼 보이는 예체능 학원에서 아이는 수업의 '소비자'일 뿐이다. 이미 계획된 수업에 참여하여 선생님이 보여주는 시범대로 따라 하면 되기 때문이다.

흥미 있어 하는 예체능 과목을 한두 개 정해 배우는 것은 아이들의 문화적 소양을 길러주기에 좋다. 그러나 이것을 놀이와 혼동해서는 안 된다. 예체능 학원에서는 언제나 학부모들에게 '결과'를 보여주려 애쓴다. 전시회나 발표회를 열고, 급수를 매겨 학습의 결과를 보여준다. 교과 학원과 큰 차이가 없다. 그러나 아이들이 하는 놀이에서 결과는 전혀 중요하지 않다. 놀이의 과정 자체가 충분히 재미있고 유의미하기 때문이다.

아이가 정말 제대로 놀기를 바란다면 예체능 학원에 보낼 것이 아니라 아이에게 아무것도 안 할 시간을 주어야 한다. 그러면 아이는 그 시간에 스스로 무엇을 할지를 정한다. 만약 그 시간에 아이가 수학 문제를 푼다면, 그 아이에겐 수학이 놀이인 것이다. 아이들이 좋아하는 게임조차 정해진 계획에 따라야 한다면, 그것은 진짜 놀이라고 할 수 없다.

놀이는 '무엇'이 아니라 '어떻게'의 문제

아무리 새롭고 재미있는 활동이라도 어른들이 계획한 대로 따라가야 한다면, 그것은 형태만 다른 학습일 뿐이다. 반면에 이미 알고 있거나 익숙한 활동이라도 아이가 스스로 선택하고 계획할 수 있다면, 그것은 즐거운 놀이가 된다.

우리 반 은정이는 미술을 참 좋아하던 아이였다. 쉬는 시간마다 그림을 그리며 놀았다. 썩 잘 그리는 솜씨는 아니었지만, 그림을 그리는 아이의 표정은 늘 행복해 보였다. 그러다 은정이에게서 미술학원에 다니게 됐다는 이야기를 들었다. 한동안 은정이는 미술학원을 가는 날이면 들떠서 친구들에게 자랑을 늘어놓았다. 그런데 어느 날부턴가 은정이의 입에서 미술학원 이야기가 쏙 들어가고, 표정이 점점 어두워져 갔다. 걱정되는 마음에 은정이에게 조심스럽게 그 이유를 물어봤다. 은정이는 그림을 그리는 것이 더 이상 즐겁지 않다고 했다. 자신은 그림을 너무 못 그리며, 미술학원에서 가르쳐주는 것을 따라 하기 어렵다고 말했다. 학원에 다니면서 객관적으로 은정이의 그림 실력은 많이 향상되었다. 이전에는 당최 사람 같아 보이지 않던 그림도 제법 사람 형색을 띠었으니까. 그러나 더는 그림을 그리는 게 즐겁지 않다는 은정이를 보며 안타까운 마음이 들었다. 그림 실력은 좋아졌을지 몰라도 은정이에게 가장 소중한 놀이가 사라졌기 때문이다.

창의력을 길러준다는 수업들의 허점

요즘 유행하는 창의력 수업이나 다양한 체험 수업도 마찬가지다. 창의력 미술 수업이니, 숲 체험이니 이름만 거창할 뿐 짜여진 대로 놀아야 하는 체험 학습에서 아이들은 여전히 놀이의 '소비자'일 뿐이다.

체험 수업이 하도 유행하기에 우리 집 아이를 데리고 미술 체험 수업에 가본 적이 있다. 확실히 일반적인 미술 수업과 다르기는 했다. 자동차를 물감으로 색칠하고, 바퀴에 물감을 묻혀 알록달록한 길을 만들고, 다채로운 색깔의 비누 거품으로 자동차를 닦는 일련의 과정이 담긴 체험이었다. 하지만 몇몇 아이들은 마지못해 프로그램 순서와 안내한 방법에 따라 노는 것 같았다. 어떤 아이는 오래도록 색칠만 하고 싶어 했고, 또 어떤 아이는 자기가 색칠한 자동차를 닦기 싫어했기 때문이다.

아이들은 저마다의 방식대로 놀고 싶어 한다. 이게 진짜 창의력을 길러주는 '놀이'인데, 일반적인 체험 수업에서는 그럴 수 없다. 어찌 됐든 어른들이 만든 프로그램에 따라 움직여야 한다. 그렇게 아이들은 나만의 놀이를 포기한 채, 또 하나의 수업을 듣고 가는 셈이다.

아이의 창의력을 길러주기 위해서는 예체능 학원이나 각종 체험 수업에 보낼 것이 아니라, 아이가 주도적으로 놀며 새로운 생각을 만들어낼 수 있는 환경을 마련해주는 것이 좋다. 아이들이 마음껏 뛰어놀며 창의력을 발휘하기에 가장 좋은 공간은 바로 '자연'이다. 바다, 산, 들, 공원 어디든 좋다. 아이들은 자연 속에서 스스로 놀이를 만들고, 자신만의 방법대로 움직이며 나 자신과 주변을 탐구해나간다. 이때 함께 체험할 친구, 맞장구쳐줄 어른만 있다면 아이들의 창의력은 무럭무럭 자랄 것이다.

집어넣는 교육에서 꺼내는 교육으로

얼마 전 2028 대입 개편안이 확정되었다. 내용을 살펴보니 내신 평가에서 논·서술형 평가가 강화되었다는 부분이 눈에 띈다. 그동안 논·서술형 평가는 공정성 확보를 이유로 객관식 평가에 밀려 배제되어 온 평가 방식이다. 시대의 흐름상 논·서술형 평가를 하긴 해야겠는데, 수능에 바로 적용하기엔 여러모로 부담스러우니 우선 내신부터 적용하는 것으로 보인다. 아마 다음 대입 개편안에는 논·서술형 평가 부분이 더 확대될 것이라 생각한다.

OECD 38개 회원국 중에서 대입시험(수능과 내신)이 객관식 문항에 상대평가인 나라는 일본과 대한민국뿐이다. 영국의 대입 시험인 A-LEVEL은 역사 문항으로 '산업화는 왜 중산층에 큰 영향을 미쳤는가?'를 물었고, 프랑스 대입 시험인 바칼로레아의 인문학 시험에서는 '역사는 인간에게 오는 것인가? 아니면 인간에 의해 오는 것인가?'를, 독일 대입 시험인 아비투어Abitur는 '학교폭력은 지난 몇 년 동안 증가해왔다. 유력 일간지에 그 원인과 효과를 분석하는 신문기사를 영작하시오.'를 문제로 냈다. 모두 논·서술형 문제들이다.

이에 우리 공교육도 여러 돌파구를 찾고 있는 듯 보인다. 대구 교육청, 제주 교육청, 경기도 교육청에 이어 최근 들어 서울시 교육청까지 그 대안 중 하나로 IB 프로그램을 도입해 운영 중이다. IB는 국제 바칼로레아International Baccalaureate의 약자로 1968년도부터 스위스 제네바에서 국제기구 주재원, 외교관, 해외 주재 상사의 자녀들을 위해 개발되었다. 자주 옮겨 다녀야 하는 학습자의 특성상 한 국가가 제공하는 교육과정을 운영하는 학교를 안정적으로 다니기 어렵다. IB는 이런 아이들에게 어느 국가에서나 유용한 질 좋은 교육을 제공하자는 취지로 민간 비영리 교육재단에서 개발한 교육과정 및 대입 시험 체제이다.

IB의 강점은 평가시스템에 있다. 전 과목 절대평가로 다수의 채점관이 블라인드로 채점한다. 채점관의 질 관리는 IB 본부에서 하는데, 굉장히 엄격하게 관리되고 있어 논·서술형 평가임에도 높은 신뢰도를 확보하고 있다. 이런 점 때문에 우리나라 여러 교육청에서 IB를 미래교육의 대안으로 생각하는 것 같다.

IB의 대입시험 기출문제로는 '시는 한국인의 흥과 한을 가장 잘 보여주는 장르다. 배웠던 두 작품을 예로 들어 이 문장을 설명하시오.', '전쟁이 사회 변화를 가속화시킨다는 주장에 대하여 어떻게 생각하는지, 두 가지 이상의 전쟁 사례를 들고 이에 대한 의견을 쓰시오.', '한국 전쟁 발발에 외세의 책임은 어느 정도 있는가?' 등이 있다.

이런 유형의 문제를 풀기 위해서는 양질의 책을 많이 읽고, 토론을 통해 자기 생각을 정리해서 말하는 연습을 많이 해야 한다. 많이 써봐야 함은 물론이다. 즉 지식을 집어넣는 교육이 아니라 생각을 꺼내는 교육이 필요하다.

꺼내는 교육을 하려면

창의 교육이 대세인 시대다. 창의력은 새로운 생각을 만들어내는 힘이다. 그리고 이 힘은 꺼내는 교육을 통해 기를 수 있다. 교육 전환이 빠르게 일어나는 지금, 우리 아이의 창의력을 길러주기 위해선 어떻게 해야 할까? 초등 시기에 실천할 수 있는 구체적인 방법을 알아보자.

첫째, 아이의 생각을 물어보고 이야기를 나누는 시간을 많이 가져야 한다. 대화의 물꼬를 트기에 가장 좋은 방법은 아이와 함께 책을 읽고, 책 내용을 화제 삼아 이야기를 나누는 것이다. 책 내용과 관련해 다양한 생각을 끄집어낼 수 있는 열린 질문을 던지면, 아이는 솔직하고 재미있는 대답을 내놓을 것이다. 꼭 책대화가 아니어도 좋다. 일상생활 속에서도 얼마든지 아이의 사고를 자극할 대화를 나눌 수 있다. 학교에서 일어난 일이나 자연현상에 대해 "너는 어떻게 생각해?"라는 가벼운 질문으로 시작하면 된다. 초등 아이와 대화할 수 있는 이야깃거리는 차고 넘친다.

둘째, 풍부한 직·간접 경험은 아이의 상상력과 창의력을 자극한다. 아이는 다채로운 경험을 통해 세상을 보는 관점을 넓힌다. 특히 여행과 독서는 아이에게 색다른 경험을 안겨주는 가장 좋은 통로다. 흔히들 여행을 많이 하면 견문이 넓어진다고 한다. 익숙한 곳을 떠나 낯선 세상과 다양한 사람과의 만남은 아이의 기억에 오래 남는다. 게다가 직접 경험하고 깨달은 지식은 강렬하게 각인된다. 독서도 마찬가지다. 책을 매개로 작가와 만나고 이야기 속

등장인물들과 만난다. 여행이나 독서 같은 다양한 경험을 통해 자기 생각의 경계를 넓히고, 유연한 사고를 기를 수 있다.

셋째, 아이 스스로 질문을 만드는 연습을 해야 한다. 질문을 받기만 하던 입장에서 벗어나 질문을 만들어보는 것은 이전에 없었던 새로운 것을 만들어내는 활동 그 자체다. 질문은 아이 스스로 문제를 발견하고 해결하도록 돕는다. 한층 능동적인 배움의 원동력이 된다.

이렇게 다양한 경험을 쌓고, 자기 생각이나 느낌을 자유롭게 표현해본 연습을 많이 한 아이들은 생각을 꺼내는 수업을 두려워하지 않는다. 오히려 초롱초롱 눈을 빛내며 물 만난 고기처럼 자기 역량을 마음껏 발휘한다.

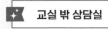

창의성에 관한 오해와 진실

놀이 시간에 아이를 그냥 내버려 둬도 될까요?

네. 개입하고 싶어도 참아야 합니다. 아이가 자발적으로 놀이를 확장해나갈 수 있도록 옆에서 격려해주는 걸로 충분합니다. 아이가 하고 싶은 대로 마음껏 놀면서 놀이를 주도적으로 이끌어갈 때 아이의 창의성은 쑥쑥 자랍니다.

아이가 예체능 활동을 많이 좋아해서 이것저것 다 배우고 싶어 합니다. 이럴 때도 예체능 학원 수를 조절해야 하나요?

물론입니다. 초등학교 아이들에게는 반드시 쉼이 필요합니다. 자유로운 시간을 보내며 사고력이 발달하고 진정한 창의력이 발휘되기 때문이지요. 따라서 아이가 여러 예체능 학원에 다니고 싶다고 해도 어느 정도 제한을 두는 것이 좋습니다. 아이가 가장 배우고 싶은 것 위주로 한두 개 정도면 충분합니다. 선택과 집중 또한 아이가 살아가며 배워야 할 능력입니다. 더불어 자신이 선택한 것은 책임지고 마무리할 수 있도록 도와주세요.

가정에서 질문 만들기 연습을 어떻게 하면 좋을까요?

아이와 함께 책을 읽고 이야기를 나누는 과정에서 자연스럽게 질문 만드는 연습을 할 수 있어요. 이때 책 내용을 확인하는 간단한 질문으로 시작해서 아이의 상상력을 자극하는 질문으로 확장해 가는 것이 좋습니다.

· 주인공은 왜 그렇게 행동했을까?

· 네가 주인공이라면 지금 어떤 마음일까?

· 다음 장면에서는 무슨 일이 벌어질까?

· 네가 작가라면 이어지는 이야기를 어떻게 풀어갈래?

이렇게 부모가 먼저 시범을 보인 다음 아이에게 궁금한 점을 질문 해보라고 합니다. 아이가 좋은 질문을 만들었을 때, "그거 정말 좋은 질문이야!"라고 긍정적인 피드백을 주세요. 아이의 마음이 더 편안해져서 마음껏 질문할 수 있습니다.

7장

평생 가져갈
독서습관 기르기

책이 좋아서 읽는 아이

　도서관에 가서 '독서'를 키워드로 책을 찾아보면 키 높은 책장 전체가 독서를 주제로 한 책들이다. 그만큼 독서의 중요성을 이야기하는 책은 수없이 많고, 지금도 계속해서 출간되고 있다. 이렇게 오랫동안 강조되어 온 만큼 독서의 중요성에 대해 모르는 부모는 거의 없다. 그래서인지 많은 부모가 유아기 때부터 올바른 독서습관을 길러주기 위해서 부단한 노력을 기울인다. 그러나 실제로 독서 교육에 성공하는 부모는 많지 않아 보인다.

　《공부머리 독서법》의 최승필 작가는 독서는 공부머리를 끌어올리는 최상의 방법이지만, 아이에게 지식을 집어넣기 위한 목적으로 독서 지도를 하는 순간 그 방법은 실패할 것이라 단언했다.

맞는 말이다. 독서가 학습이 되는 순간 독서 교육은 실패할 수밖에 없다.

아이들은 책을 읽으며 지식을 얻고, 배움의 즐거움을 알아간다. 어휘력, 문해력, 논리력, 탐구력, 집중력, 자기주도력 등 공부의 밑바탕이 되는 능력을 자연스럽게 습득한다. 그뿐 아니라 다양한 갈등 상황을 경험하며 타인에 대한 배려심, 감수성, 공감 능력도 기를 수 있다. 여기서 끝이 아니다. 아이는 책을 통해 더 나은 미래를 꿈꾸고 미래사회가 요구하는 핵심역량인 창의성, 비판적 사고력, 의사소통 능력, 융합적 사고력까지 기를 수 있다. 그러나 이 모든 것은 독서를 하면 자연스럽게 따라오는 결과일 뿐이다. 이것을 목표로 학습의 연장선에서 독서 지도를 한다면 아이는 시간이 갈수록 점점 책과 멀어진다.

2학년 수진이는 책을 많은 읽는 아이였다. 학기 중인데도 새 독서통장이 필요할 만큼 남다른 독서량을 자랑했다. 독서 시간에 보면 《장비록》같이 어려워 보이는 책을 읽고 있어 '책을 참 좋아하네.'라고 생각했었다. 도서관 수업이 있던 날, 아이들에게 보고 싶은 책을 자유롭게 찾아 읽으라고 했다. 그런데 어찌 된 일인지 수진이는 자리에 멀뚱멀뚱 앉아있기만 했다.

"수진아, 왜 책 안 읽니?"

"읽고 싶은 책이 없어요. 무슨 책을 읽어야 할지 모르겠어요."

"그동안 책도 많이 읽고 독서록도 많이 써오지 않았어? 선생님은 수진이가 책 읽기를 좋아하는 줄 알았는데?"

"학원 숙제라 어쩔 수 없이 읽은 거예요. 그리고 엄마가 맨날 책 읽는 것을 검사하세요."

알고 보니 수진이는 책을 좋아하는 아이가 아니었다. 학원 선생님과 엄마의 강요 때문에 억지로 책을 읽고 있었다. 수진이 부모님은 독서의 중요성을 너무 잘 알기에 일찍부터 독서논술 학원에 수진이를 보내고 책 읽는 습관을 길러주기 위해 노력하셨지만, 안타깝게도 수진이의 독서 교육은 실패라고 할 수 있다. 이런 상황이 계속된다면, 아마도 수진이는 초등 고학년이 되고 중학생, 고등학생이 되면서 점점 책을 읽지 않을 가능성이 높다.

지연이도 수진이와 같은 2학년이었다. 수진이와 마찬가지로 빵빵한 독서통장을 자랑했다. 지연이는 쉬는 시간이나 점심시간, 일찍 과제수행을 끝내고 남는 시간이면 늘 책을 읽었다. 친구들이랑 놀 때는 신나게 놀았지만, 혼자 있는 시간이 생기면 항상 책을 손에 쥐고 있었다. 읽는 책의 종류도 다양했다. 그림책, 소설책, 지식책, 만화책 등 분야를 가르지 않고 많은 책을 읽었다. 그런 지연이의 모습이 인상 깊어 하루는 이렇게 물었다.

"지연아, 책을 왜 그렇게 열심히 읽어?"

"네? 그냥… 재미있으니까요."

지연이는 황당한 질문이라는 듯 대수롭지 않게 대답했다.

우문현답이었다. 그냥 재미있어서 책을 읽는데 왜 읽냐고 물어보다니! 모든 부모가 지연이처럼 책을 좋아하고 즐겨 읽는 아이로 자라길 바랄 것이다. 그러기 위해서는 어떻게 하면 '책을 많이 읽게 할까'가 아니라, 어떻게 하면 '책을 더 좋아하게 할 수 있을까'를 고민해봐야 한다.

책과 평생 친구가 되는 법

세상에는 수많은 독서교육 방법이 있다. 책을 잘 읽는 방법, 읽고 내용을 잘 소화하는 방법, 책을 읽고 난 뒤 다양한 활동을 통해 책을 깊이 있게 이해하는 방법 등 구체적인 실천 방법들이 이미 잘 알려져 있다. 이 모든 걸 언급할 수 없기에 여기서는 아이가 책 읽기를 즐기고, 책과 평생 친구가 되는 가장 본질적인 방법을 소개하려 한다.

첫째, 책을 쉽게 접할 수 있는 환경을 만들어야 한다. 언제든 마음이 동하면 책을 읽을 수 있도록 집안 곳곳에 책을 전시해두는 것이 좋다. 거실 한쪽 벽면을 가득 채울 만큼 책이 많아야 한다는 뜻이 아니다. 아이가 좋아할 만한 책, 아이가 읽으면 좋을 책 등 다양한 수준의 책을 아이의 눈높이에 맞게 배치해두어야 한다는 말이다. 가장 좋은 방법은 아이의 동선에 따라 눈에 띄는 곳마다 책을 놓아두는 것이다. 조금 지저분하더라도 눈에 자꾸 보이면 관심이 생겨서 책을 펼치게 된다.

둘째, 책 읽는 가정 문화를 만들어야 한다. 아이가 책과 친해지는 가장 중요한 환경 요소는 '책을 좋아하는 부모'다. 엄마 아빠가 책 읽기를 좋아하고 책 읽는 시간을 행복하게 생각하면 아이도 책에 대해 긍정적인 마음을 갖게 된다. 아이에게 책 읽는 모습을 보여주려고 거짓으로 읽는 척하라는 말이 아니다. 아이는 안다. 진짜 좋아서 읽는 건지, 보여주려고 읽는 건지 금방 알아챈다. 그러니 평생 책을 즐기는 아이로 키우고 싶다면 부모 먼저 책 읽는 재미에 빠져보고 독서가 왜 좋은 건지 몸소 느껴야 한다. 그렇게 집안에 책 읽는 문화가 자연스럽게 스며들 때 아이는 평생 독서가로 자란다.

셋째, 책으로 놀아야 한다. '책=놀이'라고 인식한 아이는 책을 사랑하고, 언제든지 읽고 싶을 때마다 스스럼없이 책을 찾게 된다. 독서습관이 전혀 잡혀있지 않은 아이라면 처음부터 책을 많이 읽는 것에 욕심부리지 말고 우선 다양한 책놀이를 통해 책과 친해지게 만들어야 한다.

넷째, 아이의 읽을 권리를 존중해야 한다. 프랑스의 교사이자 작가인 다니엘 페나크Daniel Pennac는 강압적인 독서교육을 비판하고 책 읽기의 즐거움을 깨우치는 에세이 《소설처럼》에서 아이들이 책을 읽기를 바란다면 다음의 열 가지 권리를 인정해주어야 한다고 주장했다.

무엇을 어떻게 읽든 - 침해할 수 없는 독자의 권리

1. 책을 읽지 않을 권리

2. 건너뛰며 읽을 권리

3. 책을 끝까지 읽지 않을 권리

4. 책을 다시 읽을 권리

5. 아무 책이나 읽을 권리

---

6. 보바리슴*을 누릴 권리

7. 아무 데서나 읽을 권리

8. 군데군데 골라 읽을 권리

9. 소리 내서 읽을 권리

10. 읽고 나서 아무 말도 하지 않을 권리

* 보바리슴Bovary-ism은 《보바리 부인》의 주인공 심리 상태를 묘사
한 것으로 자신의 꿈과 현실의 괴리를 극복하지 못해 자신을 소설 속
여주인공과 동일시하는 현상을 말한다.

가슴에 손을 얹고 생각해보자. 독서교육이 중요하다는 생각에
아이에게 책 읽기를 강요하고 있지는 않은지, 책을 제대로 읽었
는지 확인하려고 질문을 하거나 문제를 풀게 하진 않는지, 부모
의 기준으로 좋은 책과 나쁜 책을 구분 짓고 '좋은 책'만 읽도록 강
요하고 있지는 않은지, 띄엄띄엄 책을 읽고 다 읽었다는 아이에게
다시 읽으라고 소리치고 있지 않은지 말이다. 이 모든 행동은 아
이가 책을 싫어하도록 만드는 아주 좋은 방법이다.

사람은 누구나 좋아하면 잘하게 되고, 잘하면 더 좋아하게 된

다. 특히 아이들은 흥미에 따라 본인의 행동을 결정한다. 독서도 마찬가지다. 이 당연한 진리를 유독 독서에는 적용하지 않고, 그저 의무와 책임만을 강조하고 있는 것 같다. 책을 좋아해야 책을 잘 읽는다. 다양한 독후활동에 열을 내기보다는 아이가 책 자체를 좋아하고, 책을 즐길 수 있도록 도와주자.

우리 아이의 참새방앗간은 도서관!

첫째 아이가 여덟 살이 되어 초등학교에 갔다. 초등교사지만 학부모는 처음이라 많은 것들이 새롭게 느껴졌다. 일곱 살과 여덟 살은 큰 차이가 있는 것처럼 보였고, 하교 후 시간을 어떻게 보낼지도 걱정이었다. 오랜 고민 끝에 학원에 보내는 대신 아이와 함께 도서관에 다니기로 했다.

육아에는 정답이 없고 부모 역할은 처음이라 그런가, 직업과 상관없이 아이를 키우며 수많은 선택 속에 끊임없이 흔들린다. 어떨 때는 영어가 중요한 것 같아 열심히 영어 노출을 해주다가도, 또 어떨 때는 놀이가 가장 중요한 것 같아 열심히 놀이터를 쫓아다니기도 했으며, 경험이 중요한 것 같아 여기저기 여행을 많이 다니기도 했다. 이렇게 흔들리는 엄마였지만, 아이가 태어난 순간부터 지금까지 가장 중요하게 생각하고 지키는 가치가 있으니, 바로 '독서'다. 어릴 때부터 책을 많이 읽은 우리 부부의 경험과 학교에서 만나온 아이들의 데이터, 그리고 수많은 독서 관련 이론으로 내면화된 가치이기에 '독서'만큼은 우선순위에서 절대 흔들리지 않았다.

그렇게 우리 집 첫째는 초등학교 1학년 1학기 동안 1,100권 (54,000쪽)의 책을 읽었다. 이는 학습만화책은 제외한 집계다. 이렇게 지극히 개인적인 이야기를 풀어놓는 이유는 누구나 할 수 있는 뻔하고 흔한 이야기가 아니라, '독서'의 중요성을 몸소 느끼고 가정과 학교에서 꾸준히 실천하고 있다는 사실을 말씀드리고 싶어서다.

초등 시기, 중요한 것도 많고 길러주어야 할 것도 많다. 그러나 모든 걸 다 욕심낼 수는 없다. 더 중요한 것과 덜 중요한 것을 구분하고 우선순위를 정해야 한다. 자녀를 지혜로운 아이로 키우고 싶은 부모라면, 내 아이의 삶이 더 풍요로워지길 바라는 부모라면 다른 것에 흔들리지 말고 '독서'를 우선순위에 두어야 한다.

빌 게이츠는 "오늘의 나를 있게 한 것은 우리 마을의 도서관이다. 하버드 졸업장보다 소중한 것은 책 읽는 습관이다."라고 말했다. 그의 말대로 독서습관을 기를 수 있는 최적의 장소가 도서관이라는 사실에 많은 부모가 동의할 것이다. 그러나 막상 아이와 함께 '꾸준히' 도서관에 다니는 분들은 별로 없는 게 우리의 현실이다. 아이가 어릴 때 자주 도서관에 가시던 부모님도 초등학교 입학을 경계로 도서관 방문이 점점 뜸해진다.

앞서 아이가 책과 친해지는 네 가지 방법을 소개했다. 책을 쉽게 접할 수 있는 환경 조성하기, 책 읽는 가정 문화 만들기, 책으로 놀기, 아이의 읽을 권리 존중하기가 그것이다. 그리고 이 방법들을 실천하기에 가장 좋은 장소는 도서관이다.

도서관에는 수많은 책이 있다. 특히 어린이 열람실에는 아이의 눈높이를 고려해 다양한 방법으로 책들이 전시되어 있다. 읽을 공간 역시 다채롭다. 이렇게 도서관에 방문하는 것만으로 아이가 책을 쉽게 접할 수 있는 환경을 마련해줄 수 있다. 아울러 아이와 함께 꾸준히 도서관을 방문함으로써 책을 좋아하는 부모의 모습을 자연스럽게 보여줄 수 있다.

요즘은 지역마다 도서관이 참 잘 조성되어 있다. 특히 어린이 열람실은 키즈카페를 방불케 할 만큼 잘 꾸며 놓은 곳들이 많다.

도서관 이곳저곳을 탐험해보고, 다양한 형태의 책들을 만지고 놀면서 책과 점점 가까워진다. 또 책장에서 이 책 저 책 꺼냈다가 마음에 안 드는 책을 다시 집어넣고, 읽고 싶은 책을 골라와 푹신한 자리에서 뒹굴뒹굴하며 읽는 등 '침해할 수 없는 독자의 권리'를 충실히 누릴 수 있다.

도서관을 우리 아이 참새방앗간으로 만들려면

이렇게 좋은 점이 많은 도서관을 꾸준히 이용하려면 어떻게 해야 할까?

첫째, 부모와 자녀 사이에 유대감이 잘 형성되어 있어야 한다. 엄마 아빠와 관계가 좋지 않은 상황에서 무작정 아이 손을 끌고 도서관에 간다고 해서 아이가 도서관을 좋아하게 될까? 당연히 아니다. 도서관에 가는 것을 또 하나의 숙제 혹은 잔소리로 인식하고 부정적인 감정을 갖게 될 것은 불을 보듯 뻔한 일이다. 아이에게 도서관 나들이를 제안했을 때 부모의 제안을 긍정적으로 받아들일 수 있으려면 자녀와의 관계를 잘 구축하는 것이 중요하다.

둘째, 도서관에서 여유롭게 즐길 수 있는 시간을 확보해야 한다. 도서관을 가까이할수록 책을 좋아하는 아이가 되고, 아이의 세상이 더욱 넓어질 것은 자명하다. 그러나 이는 아이가 도서관을 편하게 생각하고 '꾸준히' 이용했을 때 얻을 수 있는 효과다. 도서관에서 보내는 시간이 즐거워지려면 아이에게 충분한 여유 시간이 필요하다. 2021 국민독서실태조사에서 학생들의 21.2퍼센트가 독서 장애 요인으로 '교과 공부 때문에 책 읽을 시간이 없어서'라고 대답했다. 우리 아이들은 너무 바쁘다. 빽빽하게 짜여있는 스케줄 속에서는 책 읽을 시간적 여유도, 마음의 여유도 확보하기 어렵다. 이런 상황에서 도서관까지 가자고 한다면, 아이로서는 부담스러운 스케줄이 하나 더 추가되는 것뿐이다. 앞서 말했듯이 모든 걸 다 욕심낼 순 없다. 우선순위에 독서를 올려두고, 아이에게 도서관을 다닐 수 있는 시간적 여유를 마련해주어야 한다.

셋째, 도서관은 즐거운 곳이라는 것을 가르쳐주어야 한다. 도서관을 꾸준히 다니는 습관을 만들려면 도서관에 대한 긍정적인 이미지를 심어주는 것이 중요하다. 도서관에 갈 때마다 아이가 좋아하는 간식을 사주거나, 도서관 근처 놀이터에서 신나게 놀고 오는 거다. 도서관에서 운영하는 재미있는 프로그램에 참여하거나 여행지에만 있는 특별한 도서관을 방문해보는 것도 좋다. 우리 집 아이들은 도서관에 갈 때마다 평소 잘 사주지 않는 막대사탕을 보상으로 주었더니, 으레 도서관 가는 날은 막대사탕을 먹는 날로 생각하고 도서관 가는 날을 기다린다.

　참새가 방앗간을 그냥 지나치지 못하듯이 아이들에게는 도서관이 그런 공간이어야 한다. 가족과 함께 도서관에 다니는 문화적 환경 속에서 자란 아이는 분명 책에 대한 좋은 기억을 갖고, 평생 책을 사랑하는 어른으로 자랄 것이다.

행복한 학교생활을 돕는 책 추천

이 책에서 초등학생 때 꼭 길러야 할 네 가지 역량으로 '자존감, 자율성, 창의성, 독서습관'을 제시했다. 이들 역량을 기르는 방법을 각 장에서 자세히 설명했는데, 평소 책을 읽고 대화를 나누면서 이 네 가지 역량이 아이에게 자연스럽게 스며들게 할 수 있다. 현직 초등교사 8인이 추천하는 '내 아이의 행복한 학교생활을 돕는 책' 목록을 소개한다.

1. 교실 속 이야기: 친구, 학교, 선생님에 대한 이야기

그림책

책 제목	지은이	출판사
친구를 모두 잃어버리는 방법	낸시 칼슨	보물창고
핑!	아니 카스티요	달리
헉! 오늘이 그날이래	이재경	고래뱃속
내가 보여?	박지희	웅진주니어
우리 선생님이 최고야	케빈 헹크스	비룡소
학교 가는 날	송언 글, 김동수 그림	보림
학교 가기 싫은 선생님	박보람 글, 한승무 그림	노란상상
나와 학교	다니카와 슌타로 글 하타 고시로 그림	이야기공간
우리 학교에 여우가 있어	올리비에 뒤팽, 롤라 뒤팽 글 로낭 바델 그림	한솔수북
지각대장 존	존 버닝햄	비룡소
이 선을 넘지 말아 줄래?	백혜영	한울림어린이
슈퍼스타 우주 입학식	심윤경 글, 윤정주 그림	사계절
친구가 안 되는 99가지 방법	김유 글, 안경미 그림	푸른숲주니어
학교 가기 싫은 날	김기정 글, 권문희 그림	현암사
어느 날 목욕탕에서	박현숙 글, 심윤정 그림	국민서관

이야기책

으앙, 오줌 쌌다!	김선희 글, 윤정주 그림	비룡소
선생님은 모르는 게 너무 많아	강무홍 글, 이형진 그림	시계절
병구는 600살 1, 2	이승민 글, 최미란 그림	주니어RHK

2. 자존감: 나를 바로 알고, 나를 존중하는 마음을 갖게 해주는 이야기

책 제목	지은이	출판사
나는 빵점!	한라경 글, 정인하 그림	토끼섬
넌 나의 우주야	앤서니 브라운	웅진주니어
난 네가 부러워	영민	뜨인돌
모두 다 꽃이야	류형선 글, 이명애 그림	풀빛
파랗고 빨갛고 투명한 나	황성혜	달그림
머리숱 많은 아이	이덕화	위즈덤하우스
세상에서 가장 멋진 토끼	김서율 글, 박철민 그림	바람의아이들
나는 나의 주인	채인선 글, 안은진 그림	토토북
난 나의 춤을 춰	다비드 칼리 글 클로틸드 들라크루아 그림	모래알
요술 더듬이	김기린	파란자전거
너의 특별한 점	이달 글, 이고은 그림	달달북스

내가 나를 골랐어	노부미	위즈덤하우스
나는 ( ) 사람이에요	수전 베르데 글 피터 H. 레이놀즈 그림	위즈덤하우스
느낌표	에이미 크루즈 로젠탈 글 탐 리히텐헬드 그림	천개의바람
발표하기 무서워요!	미나 뤼스타 글 오실 이르겐스 그림	두레아이들
지나치게 깔끔한 아이	마릴리나 카발리에르 글 레티지아 이아니콘 그림	두레아이들
반짝이고양이와 꼬랑내생쥐	안드레아스 슈타인회펠 글 올레 쾨네케 그림	여유당
마법사 똥맨	송언 글, 김유대 그림	창비
참 괜찮은 나	고수산나 글, 이예숙 그림	좋은책어린이
뚱뚱이 초상권	김희정 글, 정용환 그림	잇츠북어린이

**3. 자율성: 스스로 선택하고 결정할 힘을 길러주고, 미래의 꿈을 향해 나아
가는 이야기**

책 제목	지은이	출판사
프레드릭	레오 리오니	시공주니어
시작해 봐! 너답게	피터 H. 레이놀즈	웅진주니어

사라 버스를 타다	윌리엄 밀러 글 존 워드 그림	사계절
진짜 내 소원	이선미	글로연
김철수빵	조영글	봄볕
마음여행	김유강	오올
싫다고 말하자!	제니 시몬스 글 크리스틴 쏘라 그림	토토북
고슴도치 엑스	노인경	문학동네
그래도 꼭 해 볼 거야!	킴 힐야드	책읽는곰
매튜의 꿈	레오 리오니	시공주니어
네가 크면 말이야	이주미	현북스
틀려도 괜찮아	마카티 신지 글 하세가와 토모코 그림	토토북
몽당	김나윤	걸어가는 늑대들
패치워크	맷 데 라 페냐 글 코리나 루이켄 그림	보물창고
공부 없는 나라	조한서 글, 장은경 그림	아름다운사람들
네모의 수학울렁증	김영욱 글, 정지혜 그림	한림출판사
빨간 머리 앤	루시 모드 몽고메리 글 트로이 하월 그림	비룡소

존 아저씨의 꿈의 목록	존 고다드 글, 이종옥 그림	글담어린이
열두 살에 부자가 된 키라	보도 섀퍼 글, 원유미 그림	을파소
소원 적는 아이들	박현숙 글, 홍정선 그림	주니어김영사
우주를 품은 아이	오노 마시히로 글 도네가와 하츠미 그림	동양북스
나슬라의 꿈	세실 루미기에르 글 시모네 레아 그림	보물창고
소원을 들어드립니다, 달떡 연구소	이현아 글, 오승민 그림	보리
난민 전학생 하야의 소원	카상드라 오도넬 글 이해정 그림	토토북
발레교실	애슬리 부더 글 훌리아 베레시아르투 그림	찰리북
의사 어벤저스	고희정 글, 조승연 그림	가나출판사

4. 창의성: 아이들의 호기심을 자극하고 상상력을 키워주는 이야기

책 제목	지은이	출판사
파란 의자	클로드 부종	비룡소
체리 다섯 알	비토리아 파키니	나무의말
수박 수영장	안녕달	창비

내가 쓰고 그린 책	리니 에르스	책속물고기
필로니모 4 비트겐슈타인: 오리야? 토끼야?	에이미 크루즈 로젠탈 글 탐 리히텐헬드 그림	노란상상
꿍꿍꿍 시리즈	윤정주	책읽는곰
심심할 땐 뭘 할까?	기슬렌 뒬리에 글 베랑제르 들라포르트 그림	나무말미
슈퍼 히어로의 똥 닦는 법	안영은 글, 최미란 그림	책읽는곰
딴생각 중	마리 도를레앙	한울림어린이
쿵푸 아니고 똥푸	차영아 글, 한지선 그림	문학동네
상상력 천재 기찬이	김은의 글, 안예리 그림	푸른책들
왕도둑 호첸플로츠	오트프리트 프로이슬러	비룡소
고양이 해결사 깜냥 시리즈	홍민정 글, 김재희 그림	창비
한밤중 달빛 식당	이분희 글, 윤태규 그림	비룡소
우주로 가는 계단	전수경 글, 소윤경 그림	창비
사라진 물건의 비밀	이분희 글, 이덕화 그림	비룡소

5. 독서습관: 책 읽는 재미를 알려주고, 도서관에 대한 긍정적인 이미지를 심어주는 이야기

책 제목	지은이	출판사
도서관 생쥐 시리즈	다니엘 커크	푸른날개
도서관에 간 사자	미셸 누드슨 글 케빈 호크스 그림	웅진주니어
책 청소부 소소	노인경	문학동네
그래, 책이야!	레인 스미스	문학동네
책 읽는 유령 크니기	벤야민 좀머할더	토토북
이 작은 책을 펼쳐 봐	제시 클라우스마이어 글 이수지 그림	비룡소
책을 찾아간 아이	이상희 글, 서현 그림	그림책도시
도서관에서 만나요	가제키 가즈히토 글 오카다 치아키 그림	천개의바람
물동이 도서관	이가을 글, 국지승 그림	한울림어린이
바람 숲 도서관	최지혜, 김성은 글 김유진 그림	책읽는곰
맙소사, 책이잖아!	로렌츠 파울리 글 미리엄 체델리우스 그림	올리
책방 고양이	이시카와 에리코	여우당

슈퍼 이야기꾼 모리스	디디에 레비 글 로렌조 사진오 그림	낙낙
아낌없이 주는 도서관	안토니스 파파테오둘루, 디카이오스 챗지플리스 글 미르토 델리보리아 그림	풀빛
책의 아이	올리버 제퍼스 글 샘 윈스턴 그림	비룡소
책이 사라진 세계에서	댄 야카리노	다봄
도서관에 간 외계인	박미숙, 최향숙 글 김중석 그림	킨더랜드
마틸다	로알드 달 글 퀸틴 블레이크 그림	시공주니어
도서관을 훔친 아이	알프레도 고메스 세르다 글 클로이 그림	풀빛미디어
책으로 집을 지은 악어	양태석 글, 원혜진 그림	주니어김영사
책 좀 빌려 줘유	이승호 글, 김고은 그림	책읽는곰
안읽어 씨 가족과 책 요리점	김유 글, 유경화 그림	문학동네
맑은 날엔 도서관에 가자	미도리카와 세이지 글 미야지마 야스코 그림	책과콩나무
이상한 책가게	김숙분 글, 김정진 그림	가문비어린이
책 읽는 고양이 서꿍치	이경혜 글, 이은경 그림	문학과지성사

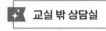
교실 밖 상담실

학부모가 가장 궁금해하는 우리 아이 독서습관

글자를 다 알면서 자꾸 읽어 달라고 해요. 도대체 언제까지 읽어줘야 할까요? 이제 그만 읽기 독립을 시켜야 하지 않을까요?

독서와 관련해서 학부모님께 듣는 가장 흔한 고민입니다. 한글을 떼고 혼자 읽기가 가능한 초등학생에게 꼭 책을 읽어줄 필요가 있을까 하는 생각 때문일 겁니다. 혼자 읽게 하는 것이 독서 능력을 높이는 데 더 도움이 되지 않을까 싶기도 할 테고요. 이런 질문을 받을 때마다 항상 이렇게 대답합니다. "아이가 원할 때까지 읽어주세요. 6학년이라도요."

아이가 책에 흥미를 느끼고 책 읽기를 즐기는 가장 좋은 방법은 부모가 책을 읽어주는 것입니다. 아이들은 엄마 아빠와 함께 책을 읽는 그 시간 자체를 좋아합니다. 엄마 아빠와 함께 살을 맞대고 엄마 아빠의 목소리를 들으며 사랑을 느낄 수 있기 때문이지요.
이런 행복한 경험이 많아야 책을 즐기는 아이로 자랍니다.

아이에게 어떤 책을 읽어주면 좋을까요?

재미있는 책을 읽어주어야 합니다. 처음에는 무조건 쉽고 재미있는 책, 아이가 흥미로워할 만한 책을 읽어주세요. 책 읽는 게 익숙해지고, 집중 시간이 늘어나면 조금씩 글밥이 긴 책으로 넘어갑니다. 아주 긴 책은 매일 조금씩 나누어 읽어도 좋아요. 하루에 몇 권을 읽었냐 하는 것은 중요하지 않아요. 짧은 그림책 한 권을 읽더라도 아이와 충분히 교감하고 책에 대한 긍정적인 마음을 갖게하는 것이 더 중요합니다.

독서습관을 길러주기 좋은 효과적인 시간이 있을까요?

잠자리 독서를 추천합니다. '언제 책을 읽어주는 게 가장 좋은가?'라는 물음에 정답은 없지만, 정해진 시간에 책을 읽으면 좀 더 수월하게 독서습관을 형성할 수 있습니다. 매일 밤 잊지 않고 아이에게 책을 읽어줄 수 있으니까요. 아울러 아이와 함께 책을 읽으며 정서적 교감을 나눌 수 있다는 장점도 있지요.

학습만화를 계속 읽어도 괜찮을까요? 글밥이 많은 줄글책을 잘 읽지 못할까 걱정됩니다.

학습만화에 대한 의견은 독서 전문가들 사이에서도 의견이 분분합니다. 그만큼 학습만화가 좋다, 안 좋다, 읽혀도 된다, 안 된다 딱 잘라 말할 수 없습니다. 아이에 따라, 상황에 따라 결정해야 하는 문제입니다. 학습만화의 장단점은 명확합니다. 가장 큰 장점은 재미있다는 겁니다. 책 선정에 있어서 무엇보다 중요한 것은 '재미'라고 했으니 그에 가장 부합하는 책이라 할 수 있습니다. 책 읽기를 좋아하지 않는 아이들도 만화책은 즐겨 읽기 때문에 책에 대한 흥미를 유발할 수 있는 좋은 매개체가 될 수 있습니다. 게다가 학습만화를 통해 배경지식을 쌓거나 과학, 역사, 인물, 환경 등 여러 분야로 관심 영역을 확장할 수도 있습니다.

그러나 학습만화에는 장점만큼 단점도 확실합니다. 만화책만 줄곧 읽은 아이는 글밥이 많은 줄글책을 읽기 어려워할 수 있습니다. 책과 가까워지길 바라는 마음에 학습만화를 권했는데, 오히려 책을 더 멀리하게 되는 문제가 발생할 수도 있는 거지요. 한마디로 학습만화는 재미있게 읽으며 배경지식을 쌓는 데 유리하지만, 책을 읽으면서 자연스럽게 기대할 수 있는 문해력 향상 측면에서는 적합하지 않은 책이라 할 수 있습니다. 이처럼 좋은 점과 나쁜 점이 명확히 공존하기에 학습만화의 장단점을 분명히 알고 있는 것이 중요합니다.

학습만화에 대해 아이와 솔직하게 대화를 나눠보세요. 장단점을 명확히 짚어주고, 아이 스스로 절제할 수 있도록 도움을 주세요. 무조건 안 된다고 금지하는 것은 아이의 독서 정서를 망치고 책에 대한 거부감을 키우는 잘못된 방법입니다. 학습만화를 재미있어 하는 아이의 마음에 충분히 공감해주고 허용해주되, 놀이처럼 읽게 하는 것이 좋습니다. 부모님과 함께 읽는 책은 만화책이 아닌 줄글책을 읽기로 약속하거나 주중에는 줄글책을 읽고 주말에만 만화책을 읽기로 하는 등 아이와 함께 규칙을 정하고, 이를 실천하는 것을 추천합니다.

아이가 책을 잘 안 읽어요. 독서논술 학원에 보내면 좀 낫지 않을까요?

아니오. 책 읽기를 좋아하지 않는 아이가 독서논술 학원에 다닌다고 해서 책을 좋아하게 될 가능성은 거의 없습니다. 오히려 아이의 독서 정서를 해치고 책에 대한 거부감이 심해질 가능성이 더 크겠네요. 계속 강조했듯이 초등 독서 교육의 핵심은 책을 즐기는 아이, 책을 좋아하는 아이, 스스로 책을 찾아 읽는 아이로 만드는 것입니다.

초등 국어과 교육과정에서는 일관되게 '독서'를 강조하고 있습니다. 아예 '독서'가 한 단원으로 들어가 있는 학년도 있고, 국어 시간에 책 한 권을 온전히 읽고, 친구들과 자유롭게 생각을 나누며, 정리된 생각을 쓰고 발표하고 만드는 수업도 하고 있습니다. 여기에 주 1회 도서관 수업도 이루어지고 있지요. 또 학교마다 조금씩 차이는 있지만 독서록 쓰기, 독서 그림일기 쓰기, 독서통장 운영, 한 학기 한 작가와의 만남 등 다양한 독서교육 프로그램을 운영하고 있습니다. 학부모님들이 독서논술 학원에서 시키고 싶은 다양한 활동을 이미 학교에서 거의 다 하고 있다고 보시면 됩니다.

그럼에도 상황에 따라 추가적인 활동이 필요하다고 생각하시면 사교육을 활용할 수도 있겠지만, 이를 전적으로 의존해서는 안 됩니다. 어디까지나 독서 교육은 가정에서의 실천 방법이 가장 중요합니다. 사교육은 수많은 방법 가운데 한 가지일 뿐, 완전한 해결책이 될 수 없습니다. 내 아이의 문해력을 길러주기 위해서 지금 당장 책을 펼쳐보는 것은 어떨까요?

에필로그

진심을 전하면 모두에게 와닿는다는 믿음으로

유튜브에서 자주 보는 영상이 있다. 가수 양희은과 악동 뮤지션의 수현이 함께 부른 <엄마가 딸에게>라는 곡이다. 영상을 볼 때마다 처음 본 것처럼 감동하고 눈물이 난다. 특히 '넌 항상 어린 아이일 줄만 알았는데 벌써 어른이 다 되었고'라며 읊조리는 부분을 들을 때면 여지없이 콧잔등이 시큰해지고 수많은 감정이 지나간다. '공부해라', '성실해라' 이야기하지만, 결국 '너의 삶을 살아라' 하고 진심 어린 마음을 전하는 가사는 엄마이자 딸인 우리 모두의 마음일 것이다. '진심을 전하면 모두에게 와닿는다'는 평범한 진리, 위로와 공감의 힘을 다시 한번 진하게 느낀다.

이 책에서 전하고 싶은 이야기는 한 가지다. 학교와 선생님을 믿고 아이를 함께 잘 길러보자는 것, 서로를 향한 불신을 거두고 진정으로 아이를 위한 길을 함께 모색해보자는 것이다. 어두운 우리 교육 현실에 희망의 씨앗을 뿌리고, 배움의 터전인 학교를 다시 활기차게 만들고 싶다는 간절한 바람으로 1년 넘게 이 책을 준비하고 집필했다.

학교는 가르침으로 희망을 전하는 곳이다. 우리 아이가 있을 곳, 아이가 자라는 곳은 여전히 학교다. 그렇기에 교실에서 우리 아이의 모습을 가장 잘 알고, 객관적으로 조언해줄 수 있는 선생님과 협력적 파트너가 되어야 한다. 육아의 조력자로 교사와 부모가 마음을 다할 때, 아이는 씨실과 날실이 엮어지듯 튼튼하게 자랄 수 있다. 마음에 걸리는 것 없이 서로를 신뢰하고, 현실에 안주하지 않고 변화를 꿈꿀 때 아이들은 인생의 주인으로 어디서든 반짝반짝 빛날 것이다.

교육공동체 잇다

학교에서 빛이 나는 아이들

Copyrights for text © 교육공동체 잇다 Copyrights for editing & design © ㈜도서출판 한울림

글쓴이 | 교육공동체 잇다: 김희연·고경란·김지혜·이가영·이승주·임여정·정혜민·조해리
펴낸이 | 곽미순 편집 | 박미화 디자인 | 김민서

펴낸곳 | ㈜도서출판 한울림 편집 | 윤소라 이은파 박미화
디자인 | 김민서 이순영 마케팅 | 공태훈 윤도경 경영지원 | 김영석
출판등록 | 1980년 2월 14일(제2021-000318호)
주소 | 서울특별시 마포구 희우정로16길 21
대표전화 | 02-2635-1400 팩스 | 02-2635-1415
블로그 | blog.naver.com/hanulimkids
페이스북 | www.facebook.com/hanulim 인스타그램 | www.instagram.com/hanulimkids

1판 1쇄 펴냄 2024년 2월 8일
    3쇄 펴냄 2024년 3월 14일
ISBN 978-89-5827-148-2 13590